"十三五"高等职业教育机电类专业规划教材

安徽省高等学校省级质量工程规划教材

单片机应用与实践教程

（第二版）

宋国富　主编

中国铁道出版社有限公司

CHINA RAILWAY PUBLISHING HOUSE CO., LTD.

内 容 简 介

本书主要介绍单片机的硬件结构及工作原理、基于 C 语言的程序设计、单片机系统扩展技术、中断技术、接口技术、信息转换与传输技术、单片机技术的系统应用等内容。本书以工程实际实训为主线,将 8051 单片机的传统理论贯穿到实训实操过程中。为便于教学组织,特意引入了单片机硬件仿真软件 Proteus 7 Professional 作为实训实操的主要载体,可以使单片机的日常教学摆脱硬件条件的束缚而直接在普通的微机室进行。

本书适合作为高等职业院校机电类专业的教材,也可作为部分中职类相关专业教材或参考书,同时还可作为从事电气类专业工作的工程技术人员的自学或参考书。

图书在版编目(CIP)数据

单片机应用与实践教程/宋国富主编. —2 版. —北京:中国铁道
出版社有限公司,2019.6(2021.12 重印)
"十三五"高等职业教育机电类专业规划教材 安徽省高等学校
省级质量工程规划教材
ISBN 978-7-113-25639-5

Ⅰ.①单… Ⅱ.①宋… Ⅲ.①单片微型计算机–高等职业教育–教材
Ⅳ.①TP368.1

中国版本图书馆 CIP 数据核字(2019)第 050371 号

书　　名:**单片机应用与实践教程**

作　　者:宋国富

策　　划:何红艳 　　　　　　　　　　　　　编辑部电话:(010)63560043

责任编辑:何红艳　绳　超

封面设计:付　巍

封面制作:刘　颖

责任校对:张玉华

责任印制:樊启鹏

出版发行:中国铁道出版社有限公司(100054,北京市西城区右安门西街 8 号)

网　　址:http://www.tdpress.com/51eds/

印　　刷:三河市宏盛印务有限公司

版　　次:2015 年 1 月第 1 版　2019 年 6 月第 2 版　2021 年 12 月第 2 次印刷

开　　本:850 mm×1 168 mm　1/16　印张:14.5　字数:347 千

书　　号:ISBN 978-7-113-25639-5

定　　价:39.00 元

单片机技术在工业控制中有着极其广泛的应用，而单片机作为电类的一门专业基础课程，在电类专业课程体系构建中也起着至关重要的作用。在学习本课程之前，先期所要学习的课程主要包括电工基础、模拟电子技术、数字电子技术、自动检测与传感器技术、C 语言程序设计等。

本书以单片机系统的工程应用为出发点，将传统单片机系统原理进行了整合，并以实训的形式体现出来，引导学生通过实训实操，主动学习相关原理知识，即按需学习，从而提高学生学习的主观能动性。书中内容组织以突出实践操作技能为主线，实训实操以单片机设计工作现场为背景，教学现场以学生自己操作为主、教师讲授为辅，更好地体现了对学生实践技能的培养。

书中将 8051 单片机的理论体系重新整合，分解成"数制与编码、8051 单片机的硬件配置、单片机 C 语言程序设计基础、存储器系统、中断技术、定时/计数器、I/O 设备与接口、串行通信、A/D 及 D/A 转换接口、综合实训"等 10 章，且在每章后面（除第 10 章）都配备了技能实训。全书共安排了 18 个基础实训和 4 个综合实训。为使学习更贴近单片机系统实际开发现场，特意安排了 C 语言程序设计的内容，并介绍了 Keil C51 开发工具的操作技能。另外，考虑到单片机实验实训环节在具体实施过程中，总会由于诸多硬件方面的问题而使实训案例项目无法实现，从而影响教学效果，故本书特意引入了优秀的单片机硬件仿真软件 Proteus 7 Professional 作为实训实操的主要载体，可以使单片机实践教学的实施直接在普通的微机室即可进行。（书中由该软件绘制的电路图的图形符号与国家标准画法不一致，二者对照关系参见附录 B。）

本书内容组织原则是以如何吸引学生主动学习作为出发点，为此，每个实训的组织均遵循"是什么—为什么—做什么"这样一条主线，层层递进，即先给出所实现任务的所有软件、硬件资源及实施方案，使得学生可以直接利用这些资源得到正确结果，即首先知道结果"是什么"；然后再利用原理解析的形式告诉学生产生这个结果的原因，即"为什么"；在掌握了原理后，再布置一个和原实训相仿的任务，使学生进行创新设计，进一步进行单片机系统应用任务的开发，即"做什么"。

本书于 2017 年被立项为安徽省高等学校省级质量工程规划教材。本次改版也是结合规划教材建设目标，在第一版基础上做了整合处理，以够用为度，对原理性知识做了进一步精简，适当增加了实践性内容。书中还引用了一些 STC、STM32、ARM 等类型单片机工程应用方面的案例，使其内容更加符合高职教学特点，尤其是实训环节的操作性更强。全书由安徽职业技术学院宋国富任主编，并负责统稿。在本书的编写过程中，得到了有关院校同行及领导的大力支持，在此深表感谢。特别感谢安徽职业技术学院洪应、黄有金、谢军等老师的支持与帮助。

由于编者水平有限，书中难免存在疏漏与不足之处，恳请各位专家、同行和读者批评指正。

编　者
2019 年 3 月

第 **1** 章　数制与编码

学习目标：

本章主要介绍计算机中数的表示方法、几种常用数制的转换、机器数的表示方法和常用编码等内容。学生通过对数的基础知识的学习，为后续单片机原理的学习打下基础。

知识点：

（1）二进制、十六进制、十进制表达形式及其相互转换；

（2）机器数中关于有符号数的原码、反码、补码的表达形式及其相互转换；

（3）ASCII 码、BCD 码的表达形式及其相互转换。

1.1　不同进位计数制及其转换

1.1.1　进位计数制

计算机其实就是一种由数字电路演变而来的，能进行逻辑运算的机器。其处理的信息就是数字电路中所提到的二进制数，而人们常使用的是十进制数，这样，为了能顺利地在人与计算机之间进行信息交换，一定要进行不同进制数之间的转换操作，因此有必要掌握数制及其转换的原理。

进位计数制：按进位的原则进行计数的一种方法。

进位计数制有以下两个特点：

（1）有一个固定的基数 r，数的每一位只能取 r 个不同的数字，即所使用的数码为 0，1，2，$\cdots$，$r-1$。

（2）逢 r 进位，它的第 i 个数位对应于一个固定的值 r^i，r^i 称为该位的"权"。小数点左侧各位的权是基数 r 的正次幂，依次为 0，1，2，$\cdots$，m 次幂；小数点右侧各位的权是基数 r 的负次幂，依次为 -1，-2，$\cdots$，$-n$ 次幂。

1. 十进制

十进制的基数为 10，它所使用的数码为 0 ~ 9，共 10 个数字。十进制各位的权是以 10 为底的幂，即每个数所处的位置不同，它的值是不同的，每一位数是其右边相邻那位数的 10 倍。

例如，数 555.55 就是下列多项式的缩写：

$555.55\text{D} = 5 \times 10^2 + 5 \times 10^1 + 5 \times 10^0 + 5 \times 10^{-1} + 5 \times 10^{-2}$。式中的后缀 D（Decimal）表

示该数为十进制数。通常，十进制数不加后缀。

2. 二进制

二进制的基数为 2，它所使用的数码为 0、1，共 2 个数字。二进制各位的权是以 2 为底的幂，即 2^n，2^{n-1}，…，2^2，2^1，2^0，2^{-1}，2^{-2}，…。

例如，二进制数 1011.101 相当于十进制数 11.625，即 $1011.101B = 1 \times 2^3 + 0 \times 2^2 + 1 \times 2^1 + 1 \times 2^0 + 1 \times 2^{-1} + 0 \times 2^{-2} + 1 \times 2^{-3} = 11.625$。式中的后缀 B（Binary）表示该数为二进制数。

二进制数的运算规则类似于十进制，加法为逢二进一，减法为借一为二。利用加法和减法就可以进行乘法、除法以及其他数值运算。

3. 十六进制

十六进制的基数为 16，它所使用的数码共有 16 个：0～9、A～F，其中 A～F 相当于十进制数的 10～15。十六进制各位的权是以 16 为底的幂，即 16^n，16^{n-1}，…，16^2，16^1，16^0，16^{-1}，16^{-2}，…。

例如，十六进制数 A3E.8F 相当于十进制数 2622.5059，即 $A3E.8FH = 10 \times 16^2 + 3 \times 16^1 + 14 \times 16^0 + 8 \times 16^1 + 15 \times 16^{-2} = 2622.5059$。式中的后缀 H（Hexadecimal）表示该数为十六进制数。十六进制数如是字母打头，则在使用汇编指令时前面加一个 0。例如：0FFFFH（65535）。

在 C 语言中，十六进制数是在前面加前缀 "0x"。

1.1.2 数制的转换

1. 二进制数、十六进制数转换成十进制数

根据定义，只需将二进制数、十六进制数按权展开后相加即可转换成相应的十进制数。例如：

$1011B = 1 \times 2^3 + 0 \times 2^2 + 1 \times 2^1 + 1 \times 2^0 = 11$；$0A4H = 10 \times 16^1 + 4 \times 16^0 = 164$。

2. 十进制数转换成二进制数、十六进制数

十进制整数转换成二进制数（或十六进制数）时，通常采用"除 2 取余"（或除 16 取余）法，即用 2（或 16）连续除十进制数至商为 0，逆序排列余数即可得到用二进制数（或十六进制数）表示的整数值。

十进制小数部分转换成二进制数（或十六进制数）时，通常采用"乘 2 取整"（或乘 16 取整）法，即将小数部分十进制数一次一次地用纯小数部分乘 2（或 16），把每次得到的整数按顺序排列即可得到用二进制数（或十六进制数）表示的小数值。

例 1.1 将 62.6875 转换成二进制数。

解：

（1）十进制整数 62 转换为二进制数，采用"除 2 取余"法。

$$
\begin{array}{lll}
2 \underline{|\ 62} & 余数 = 0 & 低位 \\
2 \underline{|\ 31} & 余数 = 1 & \uparrow \\
2 \underline{|\ 15} & 余数 = 1 & \\
2 \underline{|\ 7} & 余数 = 1 & \\
2 \underline{|\ 3} & 余数 = 1 & \\
\quad 1 & 余数 = 1 & 高位
\end{array}
$$

按余数的逆序排列，即 62 = 111110B。

（2）十进制小数 0.6875 转换为二进制数，采用"乘 2 取整"法。

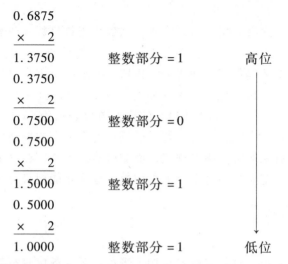

```
        0.6875
      ×    2
        1.3750        整数部分 = 1        高位
        0.3750
      ×    2
        0.7500        整数部分 = 0
        0.7500
      ×    2
        1.5000        整数部分 = 1
        0.5000
      ×    2
        1.0000        整数部分 = 1        低位
```

按整数的顺序排列，即 0.6875 = 0.1011B。

最终结果为 62.6875 = 111110.1011B。

3. 二进制数与十六进制数的相互转换

在计算机中引入十六进制数的本质：为了更简化地描述二进制数，即十六进制就是二进制的压缩码，即 1 位十六进制数等同于 4 位二进制数。所以转换时，只要根据这个原则就可很容易地实现二者之间的转换操作。

（1）二进制数转换成十六进制数。转换时，将二进制数整数部分由右向左每 4 位一分段，最后不足部分左面补零；小数部分由左向右每 4 位一分段，最后不足部分右面补零，然后，每 4 位二进制数用 1 位十六进制数代替，便转换成了十六进制。例如：

$$1011110101.110B = 0010\ 1111\ 0101.1100B = 2F5.CH$$
$$\qquad\qquad\qquad\qquad\quad 2\quad\ \ F\quad\ \ 5\quad\ \ C$$

（2）十六进制数转换成二进制数。转换时，只要将每位十六进制数用对应的 4 位二进制数代替，便转换成了二进制数。例如：

$$BD5.6H = 1011\ 1101\ 0101.0110B$$
$$\qquad\quad\ \ B\quad\ \ D\quad\ \ 5\quad\ \ 6$$

1.2　计算机中数的表示方法及运算

1.2.1　机器数的特点

1. 机器数的字长

机器数所能表示的数的范围受到计算机字长（位数）的限制，如对于 8 位字长的计算机来说，机器数的范围为 $(0000\ 0000)_2 \sim (1111\ 1111)_2$，即对应十进制数为 0~255。表示一次性能够处理的二进制位数（8 根导线）。

为了扩大机器数表示的范围，有时可用 2 个字甚至多个字表示 1 个数，例如，对于 8 位字长的计算机来说，若用 2 个字来表示 1 个正数（高 8 位，低 8 位），其数值范围为 0 ~ 65 535。

2. 机器数的符号

机器数即二进制数，如果只用来表示大小，则称为无符号数（C 语言的 unsigned 定义）。当用来既要表示大小，又表示正负时，则称为有（带）符号数（C 语言的 signed 定义）。此时，数的符号在机器中就数码化了，即将一个机器字的最高位定为符号位，其余各位为数值位。最高位为 0 表示正号，最高位为 1 表示负号。例如：$N_1 = (+101\ 1001)_2$ 的机器数可表示为 $N_1 = (0101\ 1001)_2$，$N_2 = (-110\ 1011)_2$ 的机器数可表示为 $N_2 = (1110\ 1011)_2$。有符号数也可以用 2 个字来表示 1 个数，此时，符号位仍定为 2 个字的最高位。

计算机中数的符号有无取决于用户规定，而非机器，另外，在表示有符号数时，只有最高位才是符号位，所以一定要指明这个字的总位数，这样才能把符号位固定下来。

1.2.2 原码、反码和补码

1. 原码

正数的符号位用 0 表示，负数的符号位用 1 表示，其余各位表示数值，这种表示法称为原码。例如：

$$X_1 = [+100\ 0001]_2 = +65 \qquad [X_1]_原 = 0100\ 0001$$
$$X_2 = [-100\ 0001]_2 = -65 \qquad [X_2]_原 = 1100\ 0001$$

左边表示的数称为真值，即为某数的实际算术值；右边为用原码表示的数，两者的最高位分别用 0、1 代替符号位的 + 、 − 。

在原码表示法中，0 有两种表示法，即 $[0]_原 = +0 = 0000\ 0000$，$[0]_原 = -0 = 1000\ 0000$。

2. 反码

一个数的反码可由原码求得。如果是正数，则其反码与原码相同；如果是负数，则其反码除符号位为 1 外，其他各数位均按位取反，即 1 转换为 0，0 转换为 1。例如：

$$X_1 = +100\ 0001 \qquad [X_1]_反 = 0100\ 0001$$
$$X_2 = -100\ 0001 \qquad [X_2]_反 = 1011\ 1110$$

如果已知一个数的反码，求它的真值，若是正数则可直接求得，若是负数则可将符号位除外的数值部分各位取反得到负数的原码，然后再求真值。例如：

$$[X_1]_反 = 0100\ 0001 \qquad [X_1]_原 = 0100\ 0001 \qquad X_1 = +65$$
$$[X_2]_反 = 1011\ 1110 \qquad [X_2]_原 = 1100\ 0001 \qquad X_2 = -65$$

在反码表示法中，0 也有两种表示形式，即 $[0]_反 = +0 = 0000\ 0000$，$[0]_反 = -0 = 1111\ 1111$。

3. 补码

一个数的补码一般由反码求得。如果是正数，则其补码与原码相同；如果是负数，则其补码为反码加 1，即"取反后再加 1"。例如：

$$X_1 = +100\ 0001 \qquad [X_1]_补 = 0100\ 0001$$
$$X_2 = -100\ 0001 \qquad [X_2]_补 = [X_2]_反 + 1 = 1011\ 1110\ + 1 = 1011\ 1111$$

"取反后再加 1"需要做两步运算，这个过程也可以简化为一步，即符号位不变，只对原码各位中最低一位 1 以左的各位求反，而最低一位 1 和右边各位都不变，即可得到负数的补码。

已知 X 的补码，求 X 的原码时，可以将 X 的补码当作 X 的原码形式，再求一次 X 的补码得到，即 $[[X]_{补}]_{补} = [X]_{原}$。

例 1.2 已知 $[X]_{补} = 1011\ 1111$，$[Y]_{补} = 0001\ 0110$，求 X、Y 的真值。

解：

（1）$[X]_{原} = [[X]_{补}]_{补} = [1011\ 1111]_{补} = 1100\ 0000 + 1 = 1100\ 0001$。

因为 X 为负数，所以 X 的真值为 $-100\ 0001B = -65$。

（2）$[Y]_{原} = [[Y]_{补}]_{补} = [0001\ 0110]_{补} = 0001\ 0110$。因为 Y 为正数，所以 Y 的真值为 $0001\ 0110B = +22$。

在补码表示法中，0 只有一种表示形式，即 $[0]_{补} = 0000\ 0000$。

对于 8 位有符号数来说，用补码所表示的数的范围为 $-128 \sim +127$，其中，-128 的补码为 $1000\ 0000$。16 位数的补码范围是 $-32\ 768 \sim +32\ 767$。

需要指出的是，在计算机中，所有有符号数均以补码形式表达。因为计算机在数据处理时，特别是数据运算时，是把符号位看作数值位来运算的，只有补码运算才能保证运算结果的正确性，如下面两个数的加法运算：

$$
\begin{array}{rl}
 & 1000\ 0001 \qquad ;(-127) \\
+ & 0000\ 0001 \qquad ;(+1) \\
\hline
 & 1000\ 0010 \qquad ;(-126)
\end{array}
$$

如果把上述两数看作无符号数，则是 $129 + 1 = 130$，结果显然是正确的。

如果把上述两数看作有符号数，则 $1000\ 0001$ 是 -127 的补码，$0000\ 1000$ 是 $+1$ 的补码，而结果 $1000\ 0010$（$1000\ 0001 \sim 1111\ 1110$）正好是 -126 的补码，显然，结果也是正确的。

注意： 如果用十进制描述，一个 N 位二进制负数的补码与其原码的关系为补码 $= 2^N - $ 原码的绝对值。如 8 位二进制数 -127 补码与其原码的关系为 $256 - 127 = 129$。即 129 为 -127 的补码，这是在 C 语言中经常用的格式。

1.3 BCD 码及 ASCII 码

1.3.1 8421BCD 编码

BCD（Binary Coded Decimal）编码就是用二进制代码表示的十进制数，即计算机中的十进制数。在 8421BCD 码中，是用 4 位二进制数 $0000 \sim 1001$ 给 $0 \sim 9$ 这 10 个数字编码。具体关系见表 1.1。

表 1.1 8421BCD 码与十进制数的关系

8421BCD 码	0000	0001	0010	0011	0100	0101	0110	0111	1000	1001
十进制	0	1	2	3	4	5	6	7	8	9

利用表 1.1 可以很容易地实现 8421BCD 码与十进制数之间的转换。

例如：$(0100\ 1001\ 0111)_{BCD} = 497$。

8421BCD 码不是二进制数，它只是一种编码，如果要转换为二进制数，要先转换为十进制数，然后再转换为二进制数，反之过程类似。

1.3.2 ASCII 编码

字母与字符用二进制编码的方法很多。目前计算机中用得最广泛的字符编码，是由美国国家标准局制定的 ASCII 码（American Standard Code for Information Interchange，美国标准信息交换码），它已被国际标准化组织（ISO）定为国际标准，称为 ISO 646 标准。适用于所有西文字母，ASCII 码的二进制位数共有 8 位，也就是所说的 1 字节（byte，单位符号为 B），但参与编码的位数一般只有 7 位，在西文编码中，最高位恒为 0。

因为 1 位二进制数可以表示（2^1）＝2 种状态：0、1；而 2 位二进制数可以表示（2^2）＝4 种状态：00、01、10、11；依次类推，7 位二进制数可以表示（2^7）＝128 种状态，每种状态都唯一地编为 1 个 7 位的二进制码，对应 1 个字符，这些码字可以排列成 1 个序号 0～127（00H～7FH）。所以，ASCII 码是用 7 位二进制数进行编码的，可以表示 128 个字符。表 1.2 是 ASCII 码表。

表 1.2　ASCII 码表

代码	字符	代码	字符	代码	字符	代码	字符
00H（0）	NUL	20H（32）	SPACE	40H（64）	@	60H（96）	`
01H（1）	SOH	21H（33）	!	41H（65）	A	61H（97）	a
02H（2）	STX	22H（34）	"	42H（66）	B	62H（98）	b
03H（3）	ETX	23H（35）	#	43H（67）	C	63H（99）	c
04H（4）	EOT	24H（36）	$	44H（68）	D	64H（100）	d
05H（5）	ENQ	25H（37）	%	45H（69）	E	65H（101）	e
06H（6）	ACK	26H（38）	&	46H（70）	F	66H（102）	f
07H（7）	GEL	27H（39）	`	47H（71）	G	67H（103）	g
08H（8）	BS	28H（40）	(	48H（72）	H	68H（104）	h
09H（9）	HT	29H（41）	)	49H（73）	I	69H（105）	i
0AH（10）	LF	2AH（42）	*	4AH（74）	J	6AH（106）	j
0BH（11）	VT	2BH（43）	+	4BH（75）	K	6BH（107）	k
0CH（12）	FF	2CH（44）	,	4CH（76）	L	6CH（108）	l
0DH（13）	CR	2DH（45）	－	4DH（77）	M	6DH（109）	m
0EH（14）	SO	2EH（46）	.	4EH（78）	N	6EH（110）	n
0FH（15）	SI	2FH（47）	/	4FH（79）	O	6FH（111）	o
10H（16）	SLE	30H（48）	0	50H（80）	P	70H（112）	p
11H（17）	CS1	31H（49）	1	51H（81）	Q	71H（113）	q
12H（18）	DC2	32H（50）	2	52H（82）	R	72H（114）	r
13H（19）	DC3	33H（51）	3	53H（83）	S	73H（115）	s
14H（20）	DC4	34H（52）	4	54H（84）	T	74H（116）	t
15H（21）	NAK	35H（53）	5	55H（85）	U	75H（117）	u
16H（22）	SYN	36H（54）	6	56H（86）	V	76H（118）	v
17H（23）	ETB	37H（55）	7	57H（87）	W	77H（119）	w
18H（24）	CAN	38H（56）	8	58H（88）	X	78H（120）	x
19H（25）	EM	39H（57）	9	59H（89）	Y	79H（121）	y
1AH（26）	SIB	3AH（58）	:	5AH（90）	Z	7AH（122）	z
1BH（27）	ESC	3BH（59）	;	5BH（91）	[	7BH（123）	┆
1CH（28）	FS	3CH（60）	<	5CH（92）	\ \	7CH（124）	┃
1DH（29）	GS	3DH（61）	=	5DH（93）	]	7DH（125）	┆
1EH（30）	RS	3EH（62）	>	5EH（94）	^	7EH（126）	~
1FH（31）	US	3FH（63）	?	5FH（95）	_	7FH（127）	DEL

在 ASCII 码表中，第 0 ~ 32（00H ~ 20H）号及第 127（7FH）号这 34 种编码是控制字符或通信专用字符，如控制字符 LF（换行）、CR（回车）、FF（换页）、DEL（删除）、BEL（振铃）等；通信专用字符 SOH（文头）、EOT（文尾）、ACK（确认）等。

第 33 ~ 126 号（21H ~ 7EH）这 94 种编码是字符编码，其中第 48 ~ 57（30H ~ 39H）号为 0 ~ 9 这 10 个阿拉伯数字；65 ~ 90（41H ~ 5AH）号为 26 个大写英文字母 A ~ Z，97 ~ 122（61H ~ 7AH）号为 26 个小写英文字母 a ~ z，其余为一些标点符号、运算符号等。例如：数字 0 ~ 9 的 ASCII 码可表示为十六进制数 30H ~ 39H，大写字母 A ~ Z 的 ASCII 码可表示为十六进制数 41H ~ 5AH，小写字母 a ~ z 的 ASCII 码可表示为十六进制数 61H ~ 7AH，回车符为 0DH，换行符为 0AH 等。

1.4　技 能 实 训

【实训1】　Keil C51 的使用方法

实训目的

学习 Keil C51 软件的使用方法，主要是针对 C 语言及汇编语言的软件开发及程序调试方法，为后续单片机课程的学习打下良好的基础。

实训内容

围绕一个案例，按工程建立→文件建立→文件添加→参数设置→程序输入→程序编译→程序调试→程序运行（包括单步执行及连续执行）→其他设置等过程，全面学习 Keil C51 软件的使用方法。

实训 1

实训步骤

准备工作：用户需要事先在计算机中建立一个文件夹。对于有还原卡的计算机，建议最好事先在桌面上建立一个文件夹，如这里先建一个 dz 的文件夹，待全部完成后再上传至服务器保存。另外，Keil C51 有多种版本，功能都大同小异，最常用的就是 Keil μVision2 和 Keil μVision4，本书主要以 Keil μVision2 为例进行介绍。

（1）新建工程。双击桌面上的 Keil μVision2 图标或单击"开始"菜单，选择 Keil μVision2 命令都可启动该程序，其启动界面如图 1.1 所示。几秒后即可进入 Keil C51 窗口，如图 1.2 所示。

步骤如下：

① 单击 Project 菜单（见图 1.3），在弹出的下拉菜单中选择 New Project 命令，弹出图 1.4 所示的对话框。

② 在"保存在"列表栏中选择要保存的路径，在"文件名"文本框中输入新建工程的文件名，如本例中工程保存到 dz 目录里，工程文件名为 C51，用户不必输入扩展名，系统会自动为工程添加名为".uv2"的扩展名，如图 1.4 所示，然后单击"保存"按钮。

图 1.1　启动 Keil C51 时的界面

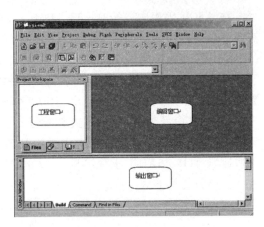

图 1.2　进入 Keil C51 后的窗口

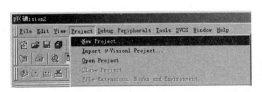

图 1.3　新建工程落单

图 1.4　新建工程对话框

③ 这时会弹出图 1.5 所示的对话框，要求选择单片机的型号，可根据使用的单片机来选择。

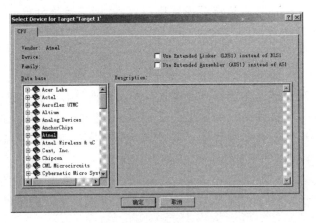

图 1.5　选择单片机的型号

④ 这里，以选用 Atmel 的 89C51 单片机为例进行展示。在图 1.5 中单击 Atmel 命令前的"⊞"，将文件夹展开，找到 AT89C52 选项并选中，之后对话框出现图 1.6 所示的变化，其中右边一栏是针对这个单片机的基本说明。

⑤ 在图 1.6 中单击"确定"按钮后，屏幕出现图 1.7 所示的对话框。

⑥ 单击"否"按钮，系统返回主窗口，此时主窗口变化如图 1.8 所示。（也可以单击"是"按钮，读者可以自己体会一下二者的区别。）

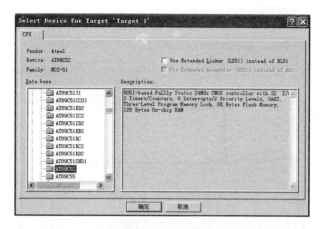

图 1.6　相关说明

图 1.7　"是否添加开始代码"对话框

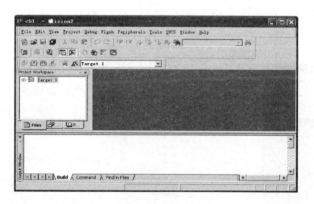

图 1.8　新建工程后的主窗口界面

至此，一个工程就建立成功了。

（2）新建文件。步骤如下：

① 在图 1.8 中，单击 File 菜单，在弹出的下拉菜单中选择 New 命令，新建文件，如图 1.9 所示。

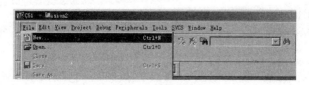

图 1.9　新建文件菜单

新建文件后主窗口界面如图1.10所示。

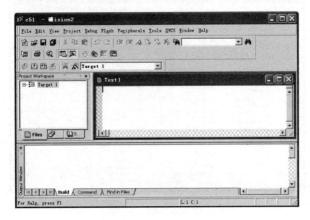

图1.10　新建文件后的主窗口界面

此时，光标在编辑窗口里闪烁，但该文档默认为文本文档，所以还要把它保存为程序文档，保存过程如下：

② 单击File菜单，在弹出的下拉菜单中选择Save As命令，如图1.11所示。

上步操作打开的对话框如图1.12所示，在"文件名"文本框中，输入欲保存的文件名，同时，必须输入正确的扩展名。注意，如果新建文件是用C语言编写的，则扩展名为".c"；如果用汇编语言编写程序，则扩展名必须为".ASM"。这里用C语言编写，输入的文件名是"Hello.c"，然后，单击"保存"按钮返回主窗口界面。

图1.11　保存文件命令

图1.12　保存文件对话框

（3）将文件添加到工程中。前面分别进行了工程的建立和文件的建立与类型设置，但此时的工程和文件之间是相互独立的，即当前工程中并不包含上述步骤与建立的文件，所以，必须要将文件添加到当前工程中。方法如下：

① 回到编辑界面后，在工程管理栏中单击Target 1命令前的"⊞"，然后在Source Group 1上右击，弹出图1.13所示的快捷菜单。

② 选择快捷菜单中的Add Files to Group 'Source Group 1'命令，弹出图1.14所示的对话框。

③ 在图1.14中，通过"查找范围"列表栏找到前面保存的Hello.c所在文件夹，如图1.15所示，再单击"文件类型"下拉列表框，从中选择C Soure file（*.c）选项。（注意：以后要根据不同的文件类型来选取不同列表项。）

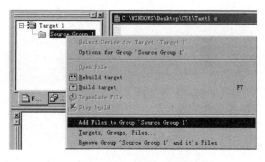

图 1.13　添加文件菜单

图 1.14　添加文件对话框

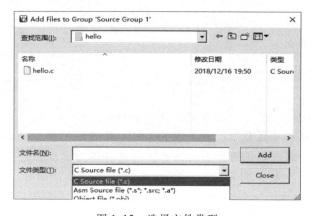

图 1.15　选择文件类型

④ 这时即可在列表中找到 Hello.c 文件名，选中 Hello.c，然后单击 Add 按钮。（提示：双击文件也可添加成功，操作时请注意系统提示的重复加载信息，以免重复加载。）

⑤ 再单击 Close 按钮关闭此对话框，回到主窗口界面。

（4）输入程序。经过上述操作回到主窗口界面后，展开左边项目列表中的 Source Group 1 后，会发现在 Source Group 1 文件夹中多了一个子项 Hello.c，如图 1.16 所示，这就是当前工程所包含的程序文件。

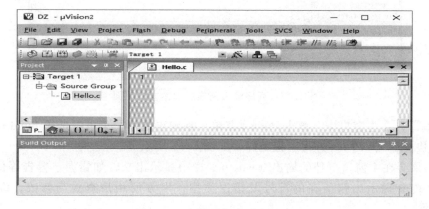

图 1.16　文件添加成功的工程

这时，即可在右边编辑窗口中输入 C 语言源程序了。在本例中，输入如下源程序：

```
#include <AT89X51.H>
#include <STDIO.H>
void main(void)
{
    SCON = 0X50;                        //串口方式1,允许接收
    TMOD = 0X20;                        //定时器1定时方式2
    TCON = 0X40;                        //设定时器1开始计数
    TH1 = 0XFD;                         //11.0592 MHZ 9600 波特率
    TL1 = 0XFD;
    TI = 1;
    TR1 = 1;                            //启动定时器
    While(1)
    {
        printf("Hello World! \\n");  //显示 Hello World
    }
}
```

说明：在输入上述程序过程中，会发现 Keil C51 软件的优势，即 Keil C51 软件会自动识别关键字，并以不同的颜色提示用户加以注意，这样会使用户少犯错误，有利于提高编程效率。程序输入完毕后的主窗口界面如图 1.17 所示。

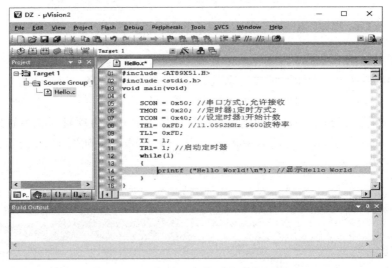

图 1.17　程序输入完毕后的主窗口界面

（5）编译。在主窗口中，单击 Project 菜单，在弹出的下拉菜单中选择 Build target 命令。（或者使用快捷键【F7】），进行工程编译，如图 1.18 所示。

编译结果会在主窗口下部的输出（output）栏中显示出来，如错误、警告等信息，若有错误，则系统会提示出错所在的行号及错误类型，以方便用户查找与修改，编译结果如图 1.19 所示。

在图 1.19 中的错误提示行上双击，即可定位到编辑窗口中的错误所在行，可根据此提示，找出错误并修改，直至编译通过，即系统提示为"0 Error（s）"，如图 1.20 所示。

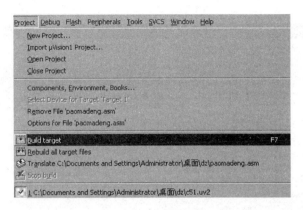

图 1.18 Project 菜单

图 1.19 编译结果

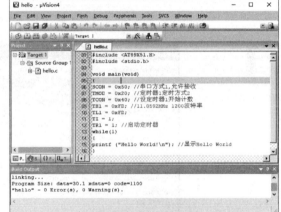

图 1.20 编译成功的工程

注意：编译异常一般有两种提示，即警告（Warning）和错误（Error）。用户要注意它们之间的区别。警告一般不影响程序的执行，而错误是生成不了目标代码的，不能被计算机正常执行。

（6）工程设置。步骤如下：

① 在图 1.20 所示的工程管理器栏中选择 Target 1。

② 右击"Target 1"，在弹出的快捷菜单中选择 Options for Target 'Target 1' 命令，弹出工程设置对话框，如图 1.21 所示。

③ 切换到 Target 选项卡，将其中的 Xtal（MHz）项设置为单片机所用的一个频率值。这样做的好处是可以在软件仿真时，自动计算出程序运行时间。该项也可不设置，系统默认的频率为 24 MHz。

④ 切换到 Debug 选项卡，如图 1.22 所示。

Debug 选项卡中的内容用于仿真选项的设置，在这里可以选择硬件仿真器，也可以选择软件仿真。对于硬件仿真器仿真设置，单击右侧的"Use:"项后，在其右侧的列表栏中选取一个仿真目标即可；对于软件仿真，则选择左侧的 Use Simulator 单选按钮即可。这里使用软件仿真，故按图 1.22 所示进行设置，这也是系统的默认设置，之后单击"确定"按钮返回主窗口界面。

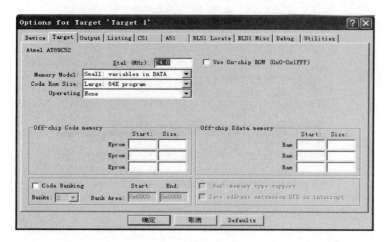

图 1.21　工程设置对话框

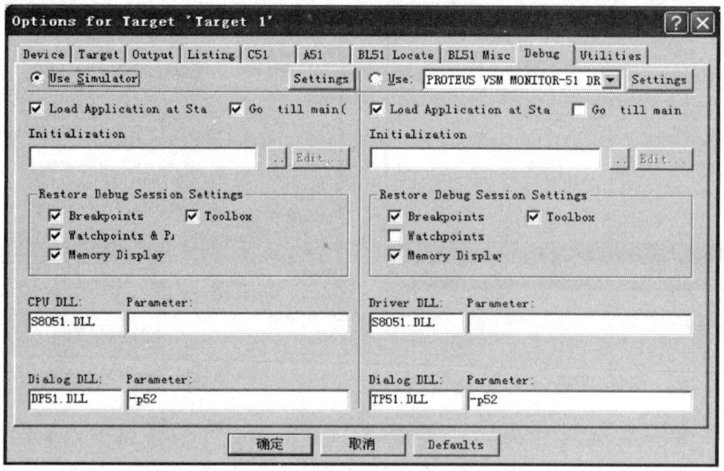

图 1.22　Debug 选项卡

注意：以上的操作界面又称"编辑模式界面"，在编辑模式下，主要是进行工程及文件的修改等操作，是软件开发的基本界面，当程序修改编译完毕后，即可转入"调试模式界面"进行程序运行调试工作。

（7）调试及运行。单击 Debug 菜单，在弹出的下拉菜单中执行 Start→Stop Debug Session 命令或者使用快捷工具 📷 装载程序，系统即由编辑模式转入调试模式，如图 1.23 所示。请注意比较它与编辑模式界面的区别。图中"1"为运行按钮，当程序处于停止状态时才有效，"2"为停止按钮，程序处于运行状态时才有效。"3"为复位按钮，模拟芯片的复位，程序回到最起始处执行。按"4"能打开"5"中的串行调试窗口，这个窗口能看到从 51 芯片的串行口输入/输出的字符，此项目也正是在这里看运行结果。首先按"4"打开串行调试窗口。

运行程序：在调试模式界面下，可以在图 1.24 所示单击 Peripherals 菜单中依次选择 I/O-Ports 项的 Port 0 ~ Port 3，即 P0 口 ~ P3 口，（选中的前面会有个"√"），即可弹出 P0 ~ P3 的 4 个并行口小窗口。

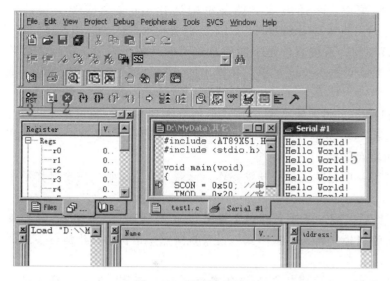

图 1.23 调试模式界面

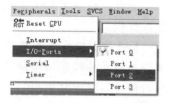

图 1.24 选取端口菜单

程序运行的过程有单步执行和连续执行两种模式。

单步执行即每按一次按键计算机只执行一条指令，有利于程序调试。

连续执行是程序正常执行过程，即计算机连续执行完整个程序的过程。

① 单步执行。打开串行窗口后，按【F10】键进行单步运行。

注意： 每按下一次【F10】键，程序执行一条指令，因此，要让程序向下一步执行，必须反复按下【F10】键，并注意观察串行口"UART ∗ 1"中的变化，并注意观察记录"Hello World!"出现的规律，如图 1.25 所示。

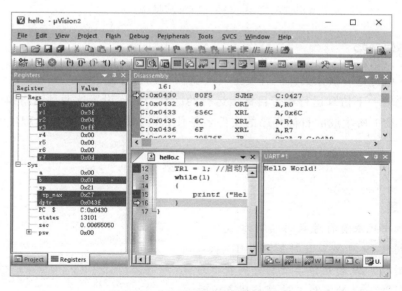

图 1.25 打开了端口表的调试界面

② 程序复位。当程序执行以后，如果要重新运行，则要让程序回到起点，即复位后再执行，让程序复位的方法是单击主工具栏最左端的 ![RST] 按钮。

③ 连续执行。单击 Debug 菜单，在弹出的下拉菜单中选择 Go 命令或按下快捷键【F5】，系统即可连续运行，这时可直观地看到 P0 口及 P2 口的变化规律。

④ 停止运行。在仿真运行期间，系统软件是不能随意关闭的，必须等停止运行之后才能关闭窗口。停止运行的方法是：单击 Debug 菜单，在弹出的下拉菜单中选择 Stop Running 命令或按下相应的快捷键。

（8）由调试模式返回编辑模式。如果要从调试模式返回到编辑模式，则可单击 Debug 菜单，在弹出的下拉菜单中选择 Star/Stop Debug Session 命令进行切换。可见这个菜单其实是一个调试模式与编辑模式的切换菜单。

至此，在 Keil C51 上进行了一项完整工程的开发操作。读者可以尝试独立完全操作整个开发流程。

Keil C51 操作流程总结：新建工程→新建文件→文件另存为（.ASM 或 .c 格式）→添加文件→输入源程序→编译→由编辑模式转入调试模式→设置观测点→运行→停止运行→返回编辑模式→保存并退出。

注意：在 Keil C51 开发系统中，窗口中的各个栏目窗口（如工程管理器栏、编译结果栏等）的打开与关闭都是通过 View 菜单中的相关命令来实现的，如图 1.26 所示。

图 1.26　View 菜单

分析与思考

（1）Keil C51 是一款什么样的开发工具？支持哪几种开发语言？

（2）试比较一下仿真运行和带目标板运行的区别，如何设置这两种运行模式？

（3）Keil C51 所生成的目标程序的文件名是什么？如何生成这种目标程序？

习　题

一、填空题

1. 计算机中代表有符号数的码制称为（　　　）。

2. 十进制数 29 可用二进制表示为（　　　）。

3. 十进制数 −29 的 8 位二进制补码表示为（　　　）。

4. 十进制数 +47 的 8 位二进制补码表示为（　　　）。

5. 8 位二进制无符号数的最大数为（　　　）。

6. 计算机中最常用的字符信息编码是（　　　）。

7. 计算机中的数称为机器数，它的实际值称为（　　　）。

二、选择题

1. 计算机中最常用的字符信息编码是（　　）。

　A. ASCII 码　　　　B. BCD 码　　　　C. 余 3 码　　　　D. 循环码

2. −49D 的二进制补码为（　　）。

　A. 11101111　　　B. 11101101　　　C. 0001000　　　D. 11101100

3. 十进制数 29 的二进制原码表示为（　　）。

　A. 11100010　　　B. 10101111　　　C. 00011101　　　D. 00001111

4. 十进制数 0.625 转换成二进制数是（　　）。

　A. 0.101　　　　B. 0.111　　　　C. 0.110　　　　D. 0.100

5. 不是计算机中代表有符号数的码制是（　　）。

　A. 原码　　　　B. 反码　　　　C. 补码　　　　D. ASCII 码

三、判断题

1. 计算机中常用的码制有原码、反码和补码。　　　　　　　　　　　（　　）

2. 若不使用 8051 片内 ROM 存储器，其引脚 EA 必须接地。　　　　（　　）

3. 8 位二进制有符号数的表示范围为 −127 ~ 128。　　　　　　　　（　　）

四、简答题

1. 什么是二进制？为什么在数字电路和计算机系统中通常采用二进制？

2. 将下列各数按权展开：

（1）110110B；（2）5678.32D；（3）1FB7H。

3. 把下列十进制数转化为二进制数、十六进制数和 8421BCD 码：

（1）135.625；（2）548.75；（3）376.125；（4）254.25。

4. 什么是原码、反码和补码？微型计算机中的有符号数为什么要用补码表示？

第 2 章 8051单片机的硬件配置

学习目标：

本章主要介绍了 8051 单片机的内部资源分配及基本引脚功能，学生通过学习，可以了解单片机的结构及基本工作原理，初步掌握单片机存储器空间分配的知识，熟悉基本引脚的功能。本章的重点是掌握工作寄存器、位寻址区及典型特殊功能寄存器的基本功能及应用。

知识点：

（1）单片机的内部结构及基本工作过程；

（2）单片机的基本引脚功能；

（3）单片机存储器空间分配；

（4）几种典型的特殊功能寄存器的原理及应用。

2.1 单片机硬件系统的组成

2.1.1 单片机概述

随着微电子技术的不断发展，计算机技术也得到了迅速发展，并且由于芯片的集成度的提高而使计算机微型化，出现了单片微型计算机（Single Chip Computer），简称单片机，又称微控制器（MicroController Unit，MCU）。单片机，即集成在一块芯片上的计算机，集成了中央处理器（Central Processing Unit，CPU）、随机存储器（Random Access Memory，RAM）、只读存储器（Read Only Memory，ROM）、定时/计数器以及 I/O 接口电路等主要计算机部件。

单片机具有功能强、体积小、成本低、功耗小、配置灵活等特点，使其在工业控制、智能仪表、技术改造、通信系统、信号处理等领域以及家用电器、高级玩具、办公自动化设备等方面均得到了应用。

从 1976 年 9 月 Intel 公司推出 MCS-48 系列单片机以来，世界上的一些著名的器件公司都纷纷推出各自系列的单片机产品。主要有 Intel 公司的 MCS-48、MCS-51、MCS-96 系列单片机；Motorola 公司的 MC6801、MC6805 系列单片机；Zilog 公司的 Z8 系列单片机；Atmel 公司的 AT89 系列单片机和 Microchip 公司的 PIC 系列单片机等。各种系列的单片机由于其内部功能、单元组成及指令系统的不尽相同，形成了各具特色的系列产品。其中 Intel 公司生产的 MCS 系列单片机目前仍占主导地位。

单片机作为微型计算机的一个分支，与一般的微型计算机没有本质上的区别，同样具有快速、精确、记忆功能和逻辑判断能力等特点。但单片机是集成在一块芯片上的微型计算机，它与一般的微型计算机相比，在硬件结构和指令设置上均有独到之处。其主要特点如下：

（1）体积小、质量小、价格低、功能强、电源单一、功耗低、可靠性高、抗干扰能力强。这是单片机得到迅速普及和发展的主要原因。同时由于它的功耗低，使后期投入成本也大大降低。

（2）使用方便灵活、通用性强。由于单片机本身就构成一个最小系统，只要根据不同的控制对象做相应的改变即可，因而它具有很强的通用性。

（3）目前大多数单片机采用哈佛（Harvard）结构体系。单片机的数据存储器空间和程序存储器空间相互独立。单片机主要面向测控对象，通常有大量的控制程序和较少的随机数据，将程序和数据分开，使用较大容量的程序存储器来固化程序代码，使用少量的数据存储器来存取随机数据。程序在只读存储器 ROM 中运行，不易受外界侵害，可靠性高。

（4）突出控制功能的指令系统。单片机的指令系统中有大量的单字节指令，以提高指令运行速度和操作效率；有丰富的位操作指令，满足了对开关量控制的要求；有丰富的转移指令，包括无条件转移指令和条件转移指令。

（5）较低的处理速度和较小的存储容量。因为单片机是一种小而全的微型机系统，它以牺牲运算速度和存储容量来换取其小体积、低功耗。

2.1.2　微型计算机硬件系统的组成

微型计算机系统一般包括硬件系统和软件系统两大部分，图 2.1 为一般微型计算机系统的组成示意图。

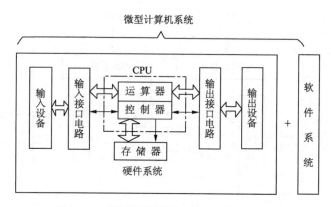

图 2.1　一般微型计算机系统的组成示意图

1. 运算器

运算器是微型计算机的运算部件，用于实现算术和逻辑运算。微型计算机的数据运算和处理都在这里进行。

2. 控制器

控制器是微型计算机的指挥控制部件，它负责运行计算机程序，并控制微型计算机各部分按程序要求自动、协调地工作。运算器和控制器是微型计算机的核心部分，常把它们合在一起称为中央处理器（CPU）。

3．存储器

存储器是微型计算机的记忆部件，用于存放程序和数据。存储器又分为内存储器和外存储器。

4．输入设备

输入设备是计算机接收外围设备信息的主部件，主要用于将程序和数据输入计算机中，如键盘等。

5．输出设备

输出设备用于把计算机中的数据计算或加工结果，以用户需要的形式显示或打印出来，如显示器、打印机等。通常把外存储器、输入设备和输出设备合在一起称为计算机的I/O设备，又称外围设备或外设。

8051单片机采用的是冯·诺依曼体系结构，即程序在存储器中存放，在CPU中序执行。

计算机的上述部件是通过系统总线（SB）连成一体的，系统总线按传送的信息类型又分为数据总线（DB）、地址总线（AB）及控制总线（CB）（读/写）。

CPU对存储器的操作只有两个基本过程，即读/写过程，从信息传送方向上来看，这种读/写过程类似于人和书的关系，即CPU就如同是人，而存储器就如同是书，CPU对存储器进行读操作时，信息是从存储器送给CPU；而进行写操作时，信息是从CPU送给存储器。

2.1.3　单片微型计算机系统的组成

单片微型计算机是指集成在一个芯片上的微型计算机，也就是把组成微型计算机的各种功能部件，包括CPU、存储器、I/O接口、定时/计数器等部件都制作在一块集成芯片上，构成一个完整的微型计算机硬件系统，从而可以实现微型计算机的基本功能。单片机内部结构示意图，如图2.2所示。

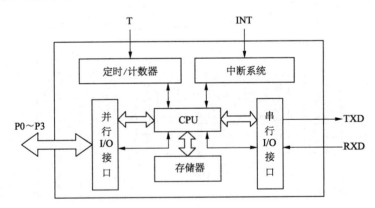

图2.2　单片机内部结构示意图

2.2　8051单片机的引脚功能

2.2.1　MCS-51系列单片机简介

尽管单片机的种类很多，但无论是从世界范围或是从全国范围来看，使用最为广泛的应属MCS-51系列单片机（Intel）。基于这一事实，本书以MCS-51系列8位单片机（8031、

8051、8751 等）为研究对象，介绍单片机的硬件结构、工作原理及应用系统的设计。

1. 51 子系列和 52 子系列

MCS-51 系列又分为 51 子系列和 52 子系列，并以芯片型号的最末位数字作为标志。其中，51 子系列是基本型，而 52 子系列则属增强型。52 子系列则是在 51 子系列基础上增加了以下部件：

（1）片内 ROM（只读存储器，即写保护，掉电保持）从 4 KB 增加到 8 KB。

（2）片内 RAM（随机存储器，又称读/写存储器，掉电丢失）从 128 B 增加到 256 B［8 位二进制数称为 1 字节（byte）］。

（3）定时/计数器从 2 个增加到 3 个。

（4）中断源从 5 个增加到 6 个。

在 52 子系列的内部 ROM 中，以掩模方式集成有 8 KB BASIC 解释程序，这就是通常所说的 8052-BASIC。该 BASIC 与基本 BASIC 相比，增加了一些控制语句，以满足单片机作为控制机的需要。

2. 单片机芯片半导体工艺

MCS-51 系列单片机采用两种半导体工艺生产：一种是 HMOS 工艺，即高速度、高密度、短沟道 MOS 工艺；另外一种是 CHMOS 工艺，即互补金属氧化物的 HMOS 工艺。芯片型号中带有字母 C 的，为 CHMOS 芯片，其余均为一般的 HMOS 芯片。

CHMOS 是 CMOS 和 HMOS 的结合，除保持了 HMOS 高速度、高密度的特点之外，还具有 CMOS 低功耗的特点。例如 8051 的功耗为 630 mW，而 80C51 的功耗只有 120 mW。在便携式、手提式或野外作业仪器设备上，低功耗是非常有意义的，因此，在这些产品中必须使用 CHMOS 的单片机芯片。

3. 片内 ROM 存储器配置形式

8051 单片机片内程序存储器有 3 种配置形式，即掩模 ROM、EPROM（紫外线可擦除 ROM）和无 ROM。这 3 种配置形式对应 3 种不同的单片机芯片，它们各有特点，也各有其适用场合，在使用时应根据需要进行选择。一般情况下，片内带掩模 ROM 的形式适用于定型大批量应用产品的生产；片内带 EPROM 的形式适用于研制产品样机；片内无 ROM 而需要外接 EPROM 的形式适用于研制新产品。Intel 公司推出的片内带 EEPROM（电可擦除 ROM）型的单片机，可以在线写入程序（flash）。

2.2.2　8051 单片机的内部组成及信号引脚

MCS-51 系列单片机的典型芯片是 8031、8051、8751。8051 内部有 4KB ROM，8751 内部有 4KB EPROM，8031 内部无 ROM；除此之外，三者的内部结构及引脚完全相同。下面主要以 8051 单片机为对象展开说明。

1. 8051 单片机的基本组成

8051 单片机的基本组成如图 2.3 所示。下面介绍各部件的基本功能：

（1）中央处理单元（CPU）。中央处理单元是单片机的核心，完成运算和控制功能。8051 单片机的 CPU 的字长为 8 位。

（2）内部数据存储器（片内 RAM）。8051 单片机芯片中共有 256 个 RAM 单元，但其中后 128 个单元被专用寄存器占用，能供用户使用的只有前 128 个单元，用于存放可读/写的数据。因此通常所说的内部数据存储器就是指这 128 个单元，片内数据存储器简称片内 RAM。

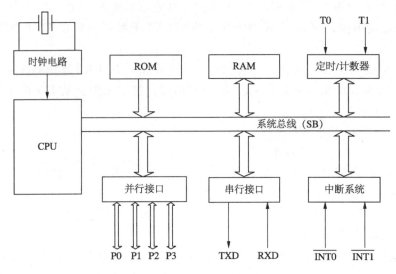

图 2.3   8051 单片机的基本组成

（3）内部程序存储器（片内 ROM）。8051 单片机共有 4 KB 掩模 ROM，用于存放程序、原始数据或表格，常称为程序存储器，简称片内 ROM。

（4）定时/计数器。8051 单片机共有 2 个 16 位（二进制）的定时/计数器，以实现定时或计数功能，并以其定时或计数完成点对计算机进行控制。

（5）并行 I/O 接口。8051 单片机共有 4 个 8 位的并行 I/O 接口（P0、P1、P2、P3），以实现 8 位数据的并行输入/输出。

（6）串行接口。8051 单片机有 1 个全双工的串行接口，以实现单片机和其他设备之间的串行数据传送。该串行接口功能较强，既可作为全双工异步通信收发器使用，也可作为同步移位器使用。

（7）中断控制系统。8051 单片机的中断功能较强，以满足控制应用的需要。8051 单片机共有 5 个中断源，即 2 个外部中断，2 个定时/计数中断，1 个串行中断。每个中断又分为高级和低级共 2 个优先级别。

（8）时钟电路。8051 单片机的内部有时钟电路（石英晶振），但石英晶振和微调电容器需要外接。时钟电路为单片机产生时钟脉冲序列。系统使用的晶振频率一般为 6 ~ 12 MHz。

2. 8051 单片机的信号引脚

（1）8051 单片机引脚总述。8051 单片机芯片是标准的 40 引脚双列直插式封装（DIP40）集成电路芯片，引脚排列如图 2.4 所示。

P0.0 ~ P0.7（位）：P0 口 8 位双向口线，总称为 P0（单位：字节）。

P1.0 ~ P1.7：P1 口 8 位双向口线，总称为 P1。

P2.0 ~ P2.7：P2 口 8 位双向口线，总称为 P2。

P3.0 ~ P3.7：P3 口 8 位双向口线，总称为 P3。

1	P1.0	VCC	40	
2	P1.1	P0.0	39	
3	P1.2	P0.1	38	
4	P1.3	P0.2	37	
5	P1.4	P0.3	36	
6	P1.5	P0.4	35	
7	P1.6	P0.5	34	
8	P1.7	P0.6	33	
9	RST/VPD	P0.7	32	
10	RXD P3.0	$\overline{EA}$/VPP	31	
11	RXD P3.1	ALE/$\overline{PROG}$	30	
12	$\overline{INT0}$ P3.2	$\overline{PSEN}$	29	
13	$\overline{INT1}$ P3.3	P2.7	28	
14	T0 P3.4	P2.6	27	
15	T1 P3.5	P2.5	26	
16	$\overline{WR}$ P3.6	P2.4	25	
17	$\overline{RD}$ P3.7	P2.3	24	
18	XTAL2	P2.2	23	
19	XTAL1	P2.1	22	
20	VSS	P2.0	21	

（中间标注：8031 8051 8751）

图 2.4　8051 单片机芯片引脚图

ALE/$\overline{PROG}$（30）：（高电平有效）地址锁存控制信号。在系统扩展时，ALE 用于控制把 P0 口输出的低 8 位地址锁存起来，以实现低位地址线和 8 位数据线的隔离。此外，由于 ALE 是以晶振 $f/6$ 的固定频率输出的正脉冲，因此，可作为外部时钟或外部定时脉冲使用。

$\overline{PSEN}$（29）：（低电平有效）外部程序存储器读选通信号（取指信号）。在读外部 ROM 时，PSEN 有效（低电平），以实现外部 ROM 单元的读操作，主要用于对指令的读取（将指令从存储器送到 CPU）。

$\overline{EA}$（31）：片外程序存储器选择控制信号。当 $\overline{EA}$ 信号为低电平时，对 ROM 的读操作限定在外部程序存储器；当 $\overline{EA}$ 信号为高电平时，对 ROM 的读操作是从内部程序存储器开始，并可延续至外部程序存储器。

RST（9）：复位信号（RESET/启动）。当输入的复位信号（高电平）延续 2 个机器周期（2 μs）以上的高电平时即为有效，用以完成单片机的复位初始化操作。在单片机复位系统方式中，一般分为通电复位（自动）和按钮复位（手动）两种方式，复位电路的接法如图 2.5 所示。

XTAL1（19）和 XTAL2（18）：外接石英晶振引线端。

时钟振荡电路是计算机的核心部件，是支持计算机工作的基本条件，正如心脏对人的作用一样，且其振荡频率的高低直接影响到计算机的运行速度。单片机的时钟信号有两种接法：一种是外接法；另一种是使用内部时钟电路。当使用芯片内部时钟时，XTAL1 和 XTAL2 两引脚用于外接石英晶振和微调电容器（30 pF）；当使用芯片外部时钟时，XTAL1 用于接外部时钟脉冲信号，XTAL2 接地。时钟电路的接法如图 2.6 所示。

VSS（20）：地线。

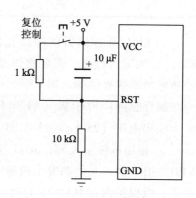

图 2.5　复位电路的接法

VCC（40）：单电源供电，+5 V 电源。

以上是 8051 单片机芯片 40 引脚的定义及简单功能说明，在实际应用中，主要是围绕引脚展开系统扩展的，即引脚是联系单片机内部与外部的通道。

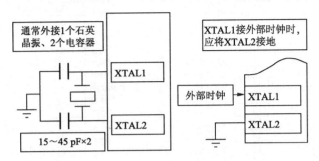

图 2.6　时钟电路的接法

（2）8051 单片机引脚的第二功能。由于工艺及标准化等原因，芯片的引脚数目是有限制的。例如，8051 单片机把芯片引脚数目限定为 40 条，但单片机为实现其功能所需要的信号数目却远远超过此数，因此就出现了需求与供给的矛盾。如何解决这个矛盾？"兼职"是唯一可行的办法，即给一些信号引脚赋以双重功能。如果把前述的信号定义为引脚的第一功能，则根据需要再定义的信号就是它的第二功能。下面介绍一些信号引脚的第二功能。

① P3 口的第二功能（一般使用第二功能）。P3 口各引脚的第二功能见表 2.1。

表 2.1　P3 口各引脚的第二功能

引　　脚	第二功能	信号名称
P3.0	RXD	串行数据接收
P3.1	TXD	串行数据发送
P3.2	$\overline{INT0}$	外部中断 INT0 申请
P3.3	$\overline{INT1}$	外部中断 INT1 申请
P3.4	T0	定时/计数器 T0 的外部输入
P3.5	T1	定时/计数器 T1 的外部输入
P3.6	$\overline{WR}$（Write）	外部 RAM 写选通
P3.7	$\overline{RD}$（Read）	外部 RAM 读选通

② EPROM 存储器程序固化所需要的信号。当内部含有 EPROM 的单片机芯片（例如8751），为写入程序，需要提供专门的编程脉冲和编程电源，这些信号也是由信号引脚以第二功能的形式提供的，即

编程脉冲：30 引脚（ALE/$\overline{PROG}$）。

编程电压（25 V）：31 引脚（$\overline{EA}$/VPP）。

③ 备用电源引入脚。8051 单片机的备用电源也是以第二功能的形式由 9 引脚（RST/VPD）引入的。当电源发生故障，电压降低到下限值时，备用电源经此端向内部 RAM 提供电压，以保护内部 RAM 中的信息不丢失。

以上把 8051 单片机的全部信号引脚分别以第一功能和第二功能的形式列出。对于各种

型号的 51 系列单片机，它们引脚的第一功能均是相同的，区别主要体现在引脚的第二功能上，不同型号的单片机可能会有所不同。

对于 9、30 和 31 这 3 个引脚，由于第一功能信号与第二功能信号是单片机在不同工作方式下的信号，因此不会发生使用上的矛盾。但是 P3 口的情况却有所不同，它的第二功能信号都是单片机的重要控制信号。因此，在实际使用时，一般都选用第二功能信号，其次才以第一功能作基本的 I/O 接口使用。

2.3　8051 单片机内部资源分配

2.3.1　8051 单片机的存储器空间

1. 8051 单片机的存储空间概述

8051 单片机的存储器从硬件结构上来说，包含 4 个独立的物理空间，它们分别是片内程序存储器（ROM）、片外程序存储器（外扩）、片内数据存储器（RAM）和片外数据存储器（外扩）。

但在逻辑上看，即从地址分配的方式来说，8051 单片机的存储器又分为 3 个独立的编址空间，即片内、外统一编址的 64 KB（$2^6 \times 2^{10} = 65\,536$ 个单元）的程序存储器地址空间（代号为 C）、256 B 的片内数据存储器的地址空间（代号为 D）以及 64 KB（2^{16}）片外数据存储器的地址空间（代号为 X）。在访问 3 个不同的逻辑空间时，应采用不同形式的指令（具体内容在后面的指令系统学习时将会进一步介绍），以产生不同的存储器空间的选通信号。

在 8051 单片机的芯片内部，主要有 RAM 和 ROM 两类存储器，即所谓的片内 RAM 和片内 ROM。

2. 片内数据存储器区（RAM）

8051 单片机的内部 RAM 共有 256 个单元，通常把这 256（2^8）个单元按其功能划分为两部分：低 128（0 ~ 127）字节单元（单元地址为 00H ~ 7FH）和高 128（128 ~ 255）字节单元（单元地址为 80H ~ FFH）。表 2.2 所示为低 128 字节单元的配置情况。

表 2.2　低 128 字节单元的配置情况

单 元 地 址	配 置 情 况
30 ~ 7FH	数据缓冲区
20 ~ 2FH	位寻址区（00 ~ 7FH）
18 ~ 1FH	工作寄存器组 3（R0 ~ R7）
10 ~ 17H	工作寄存器组 2（R0 ~ R7）
08 ~ 0FH	工作寄存器组 1（R0 ~ R7）
00 ~ 07H	工作寄存器组 0（R0 ~ R7）

低 128 字节单元是单片机的真正 RAM 存储器，按其用途分为工作寄存器区、位寻址区和用户 RAM 区这 3 个区域。

（1）工作寄存器区。8051 单片机共有 4 组工作寄存器，每组 8 个寄存单元，各组都以

R0～R7 作为寄存单元名称。工作寄存器常用于存放操作数中间结果等。由于它们的功能及使用不进行预先规定，因此称为工作寄存器，有时又称通用寄存器。4 组工作寄存器占据内部 RAM 的 00H～1FH 共 32 个单元地址。

在任一时刻，CPU 只能使用其中的一组工作寄存器，并且把正在使用的那组寄存器称为当前寄存器组。到底是哪一组，由程序状态字寄存器中 RS1（D4）、RS0（D3）位的状态组合来决定。

（2）位寻址区（只有位寻址区的位可单独访问，其余单元均只能按字节为单位访问）。内部 RAM 的 20H～2FH 单元，既可作为一般 RAM 字节单元使用，也可以对单元中每位进行位操作，因此把该区称为位寻址区。位寻址区共有 16 个 RAM 单元，计 128 位，每位都有独立的位地址，其范围为 00H～7FH。8051 单片机具有布尔处理机功能，这个位寻址区可以构成布尔处理机的存储空间。这种位寻址能力是 8051 单片机的一个重要特点。表 2.3 所示为片内 RAM 位寻址区的位地址。

表 2.3　片内 RAM 位寻址区的位地址

字节地址	位　地　址							
	D7	D6	D5	D4	D3	D2	D1	D0
2FH	7F	7E	7D	7C	7B	7A	79	78
2EH	77	76	75	74	73	72	71	70
2DH	6F	6E	6D	6C	6B	6A	69	68
2CH	67	66	65	64	63	62	61	60
2BH	5F	5E	5D	5C	5B	5A	59	58
2AH	57	56	55	54	53	52	51	50
29H	4F	4E	4D	4C	4B	4A	49	48
28H	47	46	45	44	43	42	41	40
27H	3F	3E	3D	3C	3B	3A	39	38
26H	37	36	35	34	33	32	31	30
25H	2F	2E	2D	2C	2B	2A	29	28
24H	27	26	25	24	23	22	21	20
23H	1F	1E	1D	1C	1B	1A	19	18
22H	17	16	15	14	13	12	11	10
21H	0F	0E	0D	0C	0B	0A	09	08
20H	07	06	05	04	03	02	01	00

（3）用户 RAM 区。在内部 RAM 低 128 字节单元中，工作寄存器占 32 个单元，位寻址区占 16 个单元，剩下 80 个单元，就是供用户使用的一般 RAM 区，其单元地址为 30H～7FH（堆栈区）。

3. 特殊功能寄存器区（SFR）

8051 单片机的内部 RAM 的高 128 字节单元是供给专用寄存器使用的，其单元地址为 80H～0FFH。因这些寄存器的功能已做专门规定，故称为专用寄存器（Special Function Register)，又称特殊功能寄存器，简称 SFR。在 8051 单片机中，共有 21 个特殊功能寄存器，它们分散地分布在 80H ~ 0FFH 地址空间中，如表 2.4 所示。

表 2.4　特殊功能寄存器

名称	位　名　称							单元地址
P0	P0. 7	P0. 6	P0. 5	P0. 4	P0. 3	P0. 2	P0. 1	P0. 0	80H（128）
SP									81H（129）
DPL									82H（130）
DPH									83H（131）
PCON	SMOD								87H（135）
TCON	TF1	TR1	TF0	TR0	IE1	IT1	IE0	IT0	88H（136）
TMOD	GATE	C/T	M1	M0	GATE	C/T	M1	M0	89H（137）
TL0									8AH（138）
TL1									8BH（139）
TH0									8CH（140）
TH1									8DH（141）
P1	P1. 7	P1. 6	P1. 5	P1. 4	P1. 3	P1. 2	P1. 1	P1. 0	90H（144）
SCON							RI	TI	98H（152）
SBUF									99H（153）
P2	P2. 7	P2. 6	P2. 5	P2. 4	P2. 3	P2. 2	P2. 1	P2. 0	0A0H（160）
IE	EA	—	ET2	ES	ET1	EX1	ET0	EX0	0A8H（168）
P3	RD	WR	T1	T0	INT1	INT0	TXD	RXD	0B0H（176）
IP	—	—	—	PS	PT1	PX1	PT0	PX0	0B8H（184）
PSW	CY	AC	F0	RS1	RS0	OV	—	P	0D0H（208）
ACC									0E0H（224）
B									0F0H（240）

这 21 个特殊功能寄存器中，有些可以位寻址，凡是字节地址数能够被 8 整除的特殊功能寄存器均可位寻址，该寄存器第 0 位的位地址与寄存器地址相同，且位地址是连续的。

这 21 个特殊功能寄存器在单片机复位时（默认值），除 SP 的值为 "07H"，P0、P1、P2 及 P3 的值为 "0FFH"（1111 1111B）外，其他寄存器的值基本上都是 "0"，这点在使用时一定要注意。尤其要注意软件是根据硬件而设计的。

关于每种特殊功能寄存器的用法，在以后涉及的具体章节中会陆续介绍，这里只介绍几个通用的寄存器。

（1）程序状态字寄存器（PSW）。程序状态字寄存器是一个 8 位寄存器，用于存放程序运行中的各种状态信息。其中有些位的状态是根据程序执行情况，由硬件自动设置的，而有些位的状态则使用软件方法设定。程序状态字寄存器的位状态可以用指令设置，也可以用指令读出。一些条件转移指令将根据程序状态字寄存器中专用位的状态，进行条件转移。程序状态字寄存器的各位定义如表 2.5 所示。

表 2.5　程序状态字寄存器的各位定义

位　序	D7	D6	D5	D4	D3	D2	D1	D0
位名称	CY	AC	F0	RS1	RS0	OV	—	P

除 PSW.1 位保留未用外，其余各位的定义及使用如下：

CY（PSW.7）——进位标志位。CY 是程序状态字寄存器中最常用的标志位。其功能有二：一是存放算术运算的进位标志，在进行加或减运算时，如果操作结果的最高位有进位或借位时，CY 由硬件置 1，否则清 0；二是在位操作中，作累加位使用。如位传送、位运算及位判断等位操作。

AC（PSW.6）——辅助进位标志位。在进行加减运算中，当低 4 位向高 4 位进位或借位时，AC 由硬件置 1，否则清 0。在 BCD 码调整中也要用到 AC。

F0（PSW.5）——用户标志位。这是一个供用户定义的标志位，需要利用软件方法置位或复位，用以控制程序的转向。

RS1 和 RS0（PSW.4，PSW.3）——工作寄存器组选择位。它们被用于选择 CPU 当前使用的工作寄存器组。通用寄存器共有 4 组，其对应关系如表 2.6 所示。

表 2.6　当前寄存器组的设定

RS1	RS0	所选的 4 组寄存器
0	0	0 组（内部 RAM 地址 00H ~ 07H）
0	1	1 组（内部 RAM 地址 08H ~ 0FH）
1	0	2 组（内部 RAM 地址 10H ~ 17H）
1	1	3 组（内部 RAM 地址 18H ~ 1FH）

这两个选择位的状态是由软件设置的，被选中的寄存器组即为当前工作寄存器组。但当单片机通电或复位后，RS1RS0 = 00。

OV（PSW.2）——溢出标志位。对有符号数进行加减运算时，OV = 1 表示运算结果超出了累加器 A 所能表示的有符号数的范围（ - 128 ~ + 127），即产生了溢出，因此运算结果是错误的；否则，OV = 0 表示运算结果正确，即无溢出产生。

在乘法运算中，OV = 1 表示乘积超过 255，即乘积分别在 B 寄存器与累加器 A 中；否则，OV = 0 表示乘积只放在累加器 A 中。

在除法运算中，OV = 1 表示除数为 0，除法不能进行；否则，OV = 0 表示除数不为 0，除法可正常进行。

P（PSW.0）——奇偶标志位。表明累加器 A 中数据的奇偶性。如果累加器 A 中有奇数个 1，则 P 置 1；否则置 0。凡是改变累加器 A 中内容的指令均会影响奇偶标志位。

此标志位对串行通信中的数据传输有重要的意义。在串行通信中常采用奇偶检验的办法来检验数据传输的可靠性。

（2）堆栈指针（SP）。堆栈区是单片机中一个特殊的存储区域，用来暂时存放后续程序有可能用到的数据或地址，它是按"先进后出"的原则存取数据的。堆栈共有两种操作：进栈和出栈。有序操作，即按地址序号进行操作。每往栈区存放一个数，即进栈，SP 会自动加 1；每出一次栈，SP 会自动减 1。进栈和出栈操作的单元就是由 SP 所指向的片内 RAM

单元。

由于 8051 单片机的堆栈设在内部 RAM 中，因此 SP 是一个 8 位寄存器（地址）。系统复位后，SP 的内容为 07H，从而使堆栈从 08H 单元开始。但 08H ~ 1FH 单元分别属于工作寄存器的 1 ~ 3 区，如程序要用到这些区，最好把 SP 值改为 1FH 或更大。一般在内部 RAM 的 30H ~ 7FH 单元中开辟堆栈。SP 的内容一经确定，堆栈的位置也就随之确定下来，由于 SP 可以通过指令修改内容，因此堆栈位置是浮动的。

（3）程序计数器（PC）。计算机的工作过程就是执行程序的过程，我们每个人可能都有这种感觉：在同一台计算机中，对于一个大的软件其执行速度会很"慢"，而小的软件执行速度会很"快"，这是因为什么？原因在于：计算机程序是由一条条指令组成的，而计算机是把程序分解成指令来执行的，即同一时刻只执行一条指令，而指令一般是在存储器中存放，却要在 CPU 中执行，这样就牵扯到在执行每条指令前，首先要将指令从存储器取到 CPU 中，这个过程称为"取指"，然后再执行。在 CPU 中有个专门负责寻找所取指令单元地址的部件，称为 PC，又称程序指针，即 PC 中存放的是下一条将要执行的指令所在存储器单元的地址值，它的作用是用来找到所取指令的地址，以供 CPU（$\overline{PESN}$）读取，CPU 每执行完一条指令后，就会自动改变 PC 的值，即令 PC = PC + 1，从而使其指向下一条指令的地址。在 8051 单片机中，PC 的长度是 16 位的，且是不可寻址的。PC 保证了计算机高速而有条不紊地按顺序一步步执行程序。

复位操作的本质即令 PC = 0。

（4）外部数据指针（DPTR）（a = * DPTR）。DPTR 为 16 位地址寄存器，主要用于访问外部 RAM 单元（64 KB）或 ROM 单元，其中地址高 8 位存于 DPH，地址低 8 位存于 DPL。所有的外部数据存储器都要由 DPTR 指引访问。

（5）累加器（ACC）。ACC 是最常用的专用寄存器，在算术运算时用于提供被操作数和存放运算结果，直接与内部总线相连。另外，单片机中的一般信息传递和交换都要通过 ACC。

下面对专用寄存器问题进行如下几点补充说明：

（1）21 个可字节寻址的专用寄存器是不连续地分散在内部 RAM 高 128 字节单元之中的，尽管还剩有许多空闲地址，但用户并不能使用。

（2）程序计数器不占据 RAM 单元，它在物理上是独立的，因此是不可寻址的寄存器。

（3）对专用寄存器只能采用直接寻址方式，书写时既可使用寄存器符号，也可使用寄存器名称。

2.3.2　8051 单片机片内程序存储器

8051 单片机的程序存储器用于存放用户程序和表格常数。8051 片内有 4 KB 的 ROM，8751 片内有 4 KB 的 EPROM，8031 片内无程序存储器。8051 单片机的片外最多能扩展 64 KB 的程序存储器，且片内外的 ROM 是统一编址的。二者主要由 $\overline{EA}$/VPP（31）引脚来进行区分，如 $\overline{EA}$ 引脚外接高电平时，8051 的程序计数器在 0000H ~ 0FFFH 地址范围内（即前 4KB 地址）寻址时，执行片内 ROM 中的程序，当程序计数器在 1000H ~ FFFFH 地址范围内寻址时，自动执行片外程序存储器中的程序；当 $\overline{EA}$ 引脚外接低电平时，只能寻址外部程序存储器，片外存储器可以从 0000H 开始编址。

8051 单片机的程序存储器中有些单元具有特殊功能，使用时应予以注意。

其中一组是 0000H ~ 0002H 单元。系统复位后，（PC）= 0000H，单片机从 0000H 单元开始取指令，执行程序，因此系统主程序一般要从 0 号单元入口。如果主程序不是从 0000H 单元开始存放的，应在 0000H 单元添加一条能够跳转到主程序所在位置的无条件转移指令，以便一开机就能执行到系统主程序。

还有一组是 0003H ~ 002AH，共 40 个单元。这 40 个单元被均匀地分为 5 段，作为单片机 5 个中断源的中断服务程序入口地址区。

0003H ~ 000AH：外部中断 INT0 中断程序地址区。

000BH ~ 0012H：定时/计数器 T0 中断程序地址区。

0013H ~ 001AH：外部中断 INT1 中断程序地址区。

001BH ~ 0022H：定时/计数器 T1 中断程序地址区。

0023H ~ 002AH：串行中断程序地址区。

扫一扫

实训 2

2.4 技能实训

【实训 2】 并行接口特性

实训目的

学习 51 单片机并行接口的特点及操作方法。了解单片机存储器与接口统一编址的基本原理。

实训内容

并行接口是连接单片机内部与外围设备的主要信息通道，8051 有 4 个并行接口，它们分别为 P0、P1、P2 及 P3，本实训是利用 Keil C51 软件对 4 个并行接口进行输出操作。

实训步骤

（1）新建工程。参照"实训 1"中的操作流程建立一个名为 PORTIO 的新工程，在工程中新建一个名为 portio.c 的程序文件，并把文件添加到当前工程中，之后输入如下程序：

```
#include <reg52.h>
void delay_50ms()            //毫秒级延时约等于 200 * 256 * 1 μs = 51 200 μs ≈ 50 ms
{
    unsigned char j = 0, i = 200;
    do
    {
        while(- - j);
    }
    while(- - i);
}
```

```c
void delay_ms(unsigned char i)                    //i* 50 ms 延时
{
    while(i--)
    delay_50ms();
}
void port_init(void)
{
    P0 = 0xFF;
    P1 = 0xFF;
    P2 = 0xFF;
    P3 = 0xFF;
}
void main(void)
{
    unsigned char i;
    port_init();
    while(1)
    {
        for(i = 0; i < 8; i++)                    //轮流点亮 P1 口 LED
        {
            P1 = ~(1 << i);
            delay_ms(200);
        }
    }
}
```

（2）编译。参照"实训 1"中的操作流程进行编译，等编译成功后转入调试模式。

（3）调试。执行图 2.7 所示的菜单命令，打开程序调试窗口。

图 2.7　调试菜单

（4）运行。执行图 2.8 所示的菜单命令，依次打开 P0、P1、P2 及 P3 口的并行接口观测窗口。

（5）观察记录。在主窗口中单击 Debug 菜单下的 Go 命令或按下【F5】键，系统即可连续运行，这时可直观看到 P1 口的变化规律。观察并记录 4 个并行接口的变化情况。

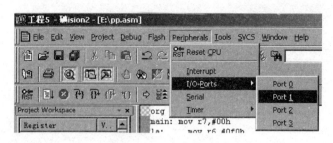

图 2.8　端口打开菜单

分析与思考

（1）若将程序中的指令 delay_ms（200）；改为 delay_ms（50）；，观察并记录 P1 口的变化情况，并和修改前的执行情况进行对比。

（2）修改程序使 P0 口和 P1 口的变化规律相同（同步）。

（3）P0 口变化情况和其他 3 个口有何区别？为什么？

习　　题

一、填空题

1. 微处理器由（　　　）、（　　　）、（　　　）3 部分组成。

2. 当 8051 单片机引脚（　　　）信号有效时，表示从 P0 口稳定地送出了低 8 位地址。

3. 8051 单片机的堆栈区是临时在（　　　）内开辟的区域。

4. 8051 单片机中凡字节地址能被（　　　）整除的特殊功能寄存器均能位寻址。

5. 8051 单片机有 4 组工作寄存器，它们的地址范围是（　　　）。

6. 8051 单片机片内（　　　）范围内的数据存储器，既可以字节寻址又可以位寻址。

7. 计算机的系统总线有（　　　）、（　　　）、（　　　）。

8. 80C51 在物理上有（　　　）个独立的存储空间。

9. 若不使用 8051 单片机片内 ROM 存储器，引脚（　　　）必须接地。

二、选择题

1. 8051 单片机的 P1 口为（　　　）。

　　A. 8 位并行接口　　　　　　　　　　B. 4 位并行接口

　　C. 8 位串行接口　　　　　　　　　　D. 4 位串行接口

2. 在 8051 单片机中，若晶振频率为 8 MHz，一个机器周期等于（　　　）μs。

　　A. 1.5　　　　　B. 3　　　　　　　　C. 1　　　　　　　　D. 0.5

3. 8051 单片机的时钟最高频率是（　　　）。

　　A. 12 MHz　　　B. 6 MHz　　　　　　C. 8 MHz　　　　　　D. 10 MHz

4. 下列不是构成控制器的部件为（　　　）。

　　A. 程序计数器　　　　　　　　　　　B. 指令寄存器

　　C. 指令译码器　　　　　　　　　　　D. 存储器

5. 下列不是构成单片机的部件为（　　　）。

A. 微处理器　　　　　　　　　B. 存储器

C. 接口适配器（I/O 接口电路）　　D. 打印机

6. 下列不是单片机总线的是（　　）。

A. 地址总线　　　　　　　　　B. 控制总线

C. 数据总线　　　　　　　　　D. 输出总线

7. 累加器寄存器是（　　）。

A. ACC　　　　　　　　　　　B. PCON

C. SCON　　　　　　　　　　D. TMOD

三、判断题

1. 8051 单片机的特殊功能寄存器分布在 60H ~ 80H 地址范围内。　　　（　　）

2. PC 存放的是当前执行的指令。　　　　　　　　　　　　　　　　（　　）

3. 8051 单片机的程序存储器只是用来存放程序的。　　　　　　　　（　　）

4. 8051 单片机的时钟最高频率是 18 MHz。　　　　　　　　　　　（　　）

5. 当 8051 单片机通电复位时，堆栈指针 SP = 00H。　　　　　　　（　　）

6. 8051 单片机可以不需要外接复位电路。　　　　　　　　　　　　（　　）

7. 8051 单片机的并行 I/O 接口与片内数据存储器单元是统一编址的。　（　　）

8. 使用 89C51 扩展系统，当 $\overline{EA}$ = 1 时，仍可访问 64 KB 的片外程序存储器空间。

（　　）

9. 在 8051 单片机中，若晶振频率为 12 MHz 时，一个机器周期等于 1.5 μs。　（　　）

四、简答题

1. 8051 单片机内部包含哪些主要逻辑功能部件？

2. $\overline{EA}$/VPP 引脚有何功能？8031 的各引脚应如何处理？为什么？

3. 8051 单片机存储器的组织结构是怎样的？

4. 片内数据存储器分为哪几个性质和用途不同的区域？

5. 单片机有哪几个特殊功能寄存器？各在单片机的哪些功能部件中？

学习目标：

本章主要介绍了 C 语言在 8051 单片机中的具体应用方法及编程规则，学生通过学习，可以掌握 C 语言在单片机软件开发过程中的应用，学会运用 C 语言编写简单的单片机应用程序。

知识点：

（1）C 语言的基本语法规则；

（2）C51 软件针对 8051 单片机的具体应用及实例；

（3）8051 单片机内部资源的 C 语言表达形式。

3.1　单片机 C 语言程序设计的一般格式

3.1.1　单片机 C 语言程序设计的步骤

单片机 C 语言程序设计的一般步骤如下：

（1）分析设计任务，确定算法（站在计算机的角度，解决问题的方法），依据算法画出程序流程图。

（2）使用通用的文字编辑软件，如记事本等编写 C 语言源程序，也可在支持 C 语言的仿真器或编译器上直接编写，如 Keil C51 编译器。

（3）在 C 编译器上进行调试及编译，编译后可生成扩展名为 HEX 的十六进制目标程序文件。

（4）用 C 编译器将目标程序文件写入单片机。

3.1.2　单片机 C 语言程序的几个基本概念

1. 函数

C 语言程序是由一个主函数 main( )和若干个其他函数所构成的，程序中由主函数调用其他函数，其他函数之间可以互相调用。其他函数又可分为标准函数和用户自定义函数。如果在程序中要使用标准库函数，就要在程序开头写上一条头文件包含处理命令，例如#include "math. h"，在编译时将读入一个包含该标准函数的头文件。如果在程序中要建立一个自定义函数，则需要对函数进行定义，根据定义形式可将函数分为：有类型无参数函数、有类型有参数函数、无类型无参数函数和无类型有参数函数等几类。

一类是定义时，其完成的功能自己说了算，不需要外部干预，即为无参。

一类是定义时，自己不知道要干什么，而要预留接口（参数），用以接收调用主体传过来要求所执行的功能，即为有参。

函数的类型即返回值的类型。

（1）有类型无参数函数的定义形式：

类型标识符 函数名 （void）

```
{函数体 return(…);}
```

类型标识符用来指定函数返回值的类型。若函数不带返回值，可以不写类型标识符。例如定义一个延时函数，名为 delay，函数体为 for 循环的函数，它的定义形式如下：

```
delay()
{
    int i;
    for(i = 0;i < 1000;i + +);
}
```

（2）有类型有参数函数的定义形式：

类型标识符 函数名(形式参数列表及参数说明)

```
{函数体}
```

例如一个毫秒级有参数延时函数的定义形式如下：

```
delay(int t)                                    //参数变量 t 为整型
{
    int  i,j;
    for(i = 0;i < t;i + +)for(j = 0;j < 320;j + +);     //120* t 次
}
```

2. 指针与指针变量

一个变量具有一个变量名，对它赋值后就有一个变量值，变量名和变量值是两个不同的概念。变量名对应于内存单元的地址，表示变量在内存中的位置，而变量值则是放在内存单元中的数据，也就是内存单元的内容。变量名对应于地址，变量值对应于内容。

例如，定义 1 个整型变量 int x，编译器就会分配 2 个存储单元给 x。如果给变量赋值，令 x = 30，这个值就会放入对应的存储单元中。虽然这个地址是由编译器分配的，我们是无法事先确定的，但可以用取地址运算符 & 取出变量 x 的地址，例如取 x 变量的地址用 &x 表示。

&x 就是变量 x 的指针，指针是由编译器分配，而不是由程序指定的，但指针值可以用 &x 取出。

如果把指针（地址值）也作为一个变量，并定义一个指针变量 xp，那么编译器就会另外开辟一个存储单元，用于存放指针变量。这个指针变量实际上成了指针的指针，例如：

```
int * xp
xp = 5;                          //xp = 5
a = * xp;                        //（内容里的内容）即 a =（5）号地址单元的内容
a = xp;                          //a = 5
* xp = 6;                        //（5）号地址单元的内容是 6
xp = 6;                          //xp = 6
```

通过语句 xp = &x 把变量 x 的地址值存于指针变量 xp 中，现在访问变量 x 有两种方法：一是直接访问，另外是用指针间接访问：* xp。

在 int * xp 中的 * 和 * xp 中的 * 所代表的意义不同，int * xp 中的 * 是对指针变量定义时作为类型说明，而 * xp 中的 * 是运算符，表示由 xp 所指示的内存单元中取出变量值。

3. 文件包含处理命令#include

文件包含处理命令，是指一个源文件将另外一个源文件的全部内容包含进来。或者说是把一个外部文件包含到本文件之中，这种文件包含处理的命令格式如下：

```
#include"文件名"
```

或者用

```
#include <文件名>
```

通常被包含的文件多为头文件，即以 h 为后缀的文件，如 reg52. h、intrins. h、stdio. h 等。

4. 宏定义

在 C 语言程序中，可以指定一个标识符去定义一个常量或字符串，如：

```
#define  Pi  3.141 59
#define uchar unsigned char
```

在 C 语言程序中，一般常量和字符串定义用大写，而变量定义用小写。宏定义还可以进行参数替换。

3.1.3 单片机 C 语言程序的基本结构

（1）所有的对象都应该遵循"先定义、后使用"的基本原则。

（2）C 语言程序由一个主函数和若干子函数组成，其中主函数的名字必须为 main（ ）。C 语言程序通过函数调用去执行指定的工作。函数调用类似于汇编语言中的子程序调用。被调用的函数可以是系统提供的库函数，也可以是用户自行定义的功能函数。

（3）一个函数由说明部分和函数体两部分组成。函数说明部分是对函数名、函数类型、形式参数名、形式参数类型等的说明，例如：

```
    int     delay     (int        i);
    ↑        ↑          ↑          ↑
  函数类型  函数名   形式参数类型  形式参数名
```

（4）C 语言程序的执行总是从 main（ ）函数开始的，而对 main（ ）函数的位置无特殊规定，main（ ）函数可放在程序的开头、最后或其他函数的前后。建议 main（ ）函数放在最后位置。否则一定要在程序一开始加上所有函数的声明。

（5）当一个程序文件需要包含其他源程序文件时，应在本程序文件头部用包含命令#include 进行"文件包含"处理，如：

```
#include"reg52.h"或#include <reg52.h>
```

一条 include 命令只能指定包含一个文件，每行规定只能写一条包含命令。

（6）C 语言程序中一个函数中需要调用另一个子函数时，另一个子函数应写在前面。当另一个子函数放在本函数后面时，应在本函数开始前声明。

（7）C 语言程序书写格式自由，一行可写一条语句或几条语句，每条语句的结尾处需要用"；"结束。

3.2　单片机开发 C 语言程序的数据类型

C 语言程序的常量和变量都有多种类型，它们各使用不同的存储字节长度，因此在 C 语言程序中使用常量、变量和函数时，都必须先说明它的类型，这样编译器才能为它们分配存储单元。

3.2.1　常量和符号常量

在程序运行中值不会改变的量称为常量，常量可以用一个标识符来代表，称为符号常量，例如可以用宏定义一个符号常量 PAR，其值为 3.141 59。

```
#define    PAR    3.141 59
```

符号常量被定义后，凡在此程序中有 PAR 的地方，都代表常量 3.141 59。符号常量的值不能改变，也不能再被赋值。在 C 语言程序中，一般符号常量用大写字母表示。

常量通常分为以下几种类型：

1. 整型常量

整型常量就是整型常数，在 C 语言中可以用十进制和十六进制两种形式表示，如：

十进制数：11，-45，0；

十六进制数：0x11，0x55，0x00（以 0x 开头）。

2. 实型常量

实型常量就是实型常数，实型常数又称浮点数。在 C 语言程序中可以用小数和指数两种形式表示，如：

0.12，56.36，15.00 等（十进制实型常数）。

1.55e5，5.99e2 等（指数形式实型常数，表示 1.55×10^5，5.99×10^2）。

3. 字符常量

在 C 语言程序中字符常量是指用单引号括起来的单个字符。如'a' 'b' '?' 'A'等都是字符常量，应注意在 C 语言程序中 'a' 和 'A' 是不同的字符常量，即 C 语言程序中严格区分字母的大小写。

不能显示的控制字符，可在该字符前面加一个反斜杠"\"组成专用转义字符。常用转义字符表见表 3.1。

表 3.1　常用转义字符

转义字符	含义	ASCII 码（十六/十进制）
\o	空字符（NULL）	00H/0
\n	换行符（LF）	0AH/10
\r	回车符（CR）	0DH/13
\t	水平制表符（HT）	09H/9
\b	退格符（BS）	08H/8
\f	换页符（FF）	0CH/12
\′	单引号	27H/39
\"	双引号	22H/34
\\	反斜杠	5CH/92

4. 字符串常量

在 C 语言程序中还有另一种字符数据，称为字符串。字符串常量与字符常量不同，它是由一对双引号括起来的字符序列。如" You are a man. " "CHINA" "15.68"等都是字符串常量。字符常量和字符串常量二者不同，不能混用。如'a'和" a"在内存中，'a'占 1 字节，而" a"占 2 字节，即 1 个字母再加 1 个字符串结束符'\ 0'。

3.2.2　变量

凡数值可改变的量称为变量。变量由变量名和变量值构成。C 语言程序中规定变量名只能由字母、数字和下画线组成，且不能用数字打头。变量可分许多类型，具体如表 3.2 所示。

表 3.2　变 量 类 型

变量类型	标识符	说明	标识符	数据长度/位	值域范围
位变量	bit			1	0，1
	sbit	SFR		1	0，1
字符变量	char	有符号	signed char	8	−128 ~ +127（补码）
		无符号	unsigned char	8	0 ~ 255
短整数型变量	short int	有符号	signed short	16	−32 768 ~ +32 767
		无符号	unsigned short	16	0 ~ 65 535
长整数型变量	long int	有符号	signed long	32	$-2^{31} \sim 2^{31}-1$
		无符号	unsigned long	32	$0 \sim 2^{32}-1$
实数型变量	float	单精度		32	|3.4e − 38| ~ |3.4e + 38|
	double	双精度		64	|1.7e − 308| ~ |1.7e + 308|
寄存器变量（SFR）	sfr		（见表 2.4）	8	0 ~ 255
	sfr16			16	0 ~ 65 535

变量在程序使用中必须进行详细的定义，如定义 2 个变量 i 和 j 为无符号整型变量：

```
unsigned int i,j;
```

定义 2 个变量 x 和 y 为字符变量：

```
char x,y;
sfr P0 =0x80;
sbit P0_1 = P0^1;
```

几个变量在定义时可以分别定义，也可合并成一句定义，在定义时也可赋初值。

1. char 字符变量

char 类型的长度是 1 字节，通常用于定义处理字符数据的变量。分无符号字符类型 unsigned char 和有符号字符类型 signed char，默认为 signed char 类型。unsigned char 类型用字节中所有的位来表示数值，所能表达的数值范围是 0 ~ 255。signed char 类型用字节中最高位字节表示数据的符号，"0" 表示正数，"1" 表示负数，负数用补码表示。所能表示的数值范围是 − 128 ~ + 127。unsigned char 常用于处理 ASCII 字符或用于处理小于或等于 255 的整型数。

使用变量时一定要特别注意变量的长度，长度不同意味着其所处理的数据能力的不同，特别要避免小马拉大车的错误现象。如定义变量 b 为 unsigned char 类型，如执行 for（b = 0；b < 256；b + +），编译是能通过的，但运行时就会有问题出现，就是说 b 的值永远都是小于 256 的，因此会形成死循环。

2. int 整型

int 整型长度为 2 字节，用于存放 1 个双字节数据。分有符号 int 整型数 signed int 和无符号整型数 unsigned int，默认为 signed int 类型。signed int 表示的数值范围是 − 32 768 ~ + 32 767，字中最高位表示数据的符号，"0" 表示正数，"1" 表示负数。unsigned int 表示的数值范围是 0 ~ 65 535。

3. long 长整型

长整型长度为 4 字节，用于存放 1 个四字节数据。分有符号长整型 signed long 和无符号长整型 unsigned long，默认为 signed long 类型。signed long 表示的数值范围是 − 2 147 483 648 ~ + 2 147 483 647。unsigned long 表示的数值范围是 0 ~ 4 294 967 295。

4. float 浮点型

float 浮点型在十进制中具有 7 位有效数字，是符合 IEEE-754 标准的单精度浮点型数据，占用 4 字节。

5. * 指针型

指针型本身就是一个变量，在这个变量中存放的指向另一个数据的地址。这个指针变量要占据一定的内存单元，对不一样的机器，长度不同，在 C51 中长度一般为 1 ~ 3 字节。指针变量也具有不同类型，这里就不介绍了。

6. bit 位标量

bit 位标量是 C51 编译器的一种扩充数据类型，利用它可定义一个位标量，但不能定义位指针，也不能定义位数组。它的值是 1 个二进制位，不是 0 就是 1。

7. sfr 特殊功能寄存器

sfr 也是一种扩充数据类型，占用 1 个内存单元，值域为 0 ~ 255。利用它能访问 51 单片机内部的所有特殊功能寄存器。如用 sfr P1 = 0x90 这一句定义 P1 端口在片内的寄存器的地址为 0x90，定义后即可用 P1 = 255（对 P1 端口的所有引脚置高电平）之类的语句来操作这个端口。

8. sfr16 16 位特殊功能寄存器

sfr16 占用 2 个内存单元，值域为 0 ~ 65 535。sfr16 和 sfr 一样，用于操作特殊功能寄存器，所不同的是它用于定义 2 字节的寄存器，如 52 单片机的定时器 T2（16 位）。

9. sbit 可寻址位

sbit 同样是单片机 C 语言中的一种扩充数据类型，利用它能访问芯片内部的 RAM 中的可寻址位或特殊功能寄存器中的可寻址位。如先前定义了

```
sfr P1 = 0x90;        //因 P1 端口的寄存器是可位寻址的,所以能定义
sbit P1_1 = P1^1;     //P1_1 为 P1 中的 P1.1 引脚
```

也可以用 P1.1 的位地址去直接定义，如 sbitP1_1 = 0x91；这样在以后的程序语句中就能用 P1_1 来对 P1.1 引脚进行读写操作了。通常在 Keil 软件的安装目录中，在 51 头文件中已定义好各特殊功能寄存器的简单名字，直接引用头文件是最好的手段。

3.3 单片机 C 语言程序的运算符和表达式

在单片机 C 语言程序编程中，通常用到 30 个运算符，如表 3.3 所示。

表 3.3 单片机 C 语言程序的常用运算符

运算符		范　例	说　　明
算术运算	+	a + b	a 变量值和 b 变量值相加
	−	a − b	a 变量值和 b 变量值相减
	*	a * b	a 变量值乘以 b 变量值
	/	a/b	a 变量值除以 b 变量值（仅仅是取整数，而非四舍五入）
	%	a% b	取 a 变量值除以 b 变量值的余数
	=	a = 5	a 变量赋值，即 a 变量值等于 5
	+ =	a + = b	等同于 a = a + b，将 a 和 b 相加的结果存回 a
	− =	a − = b	等同于 a = a − b，将 a 和 b 相减的结果存回 a
	* =	a * = b	等同于 a = a * b，将 a 和 b 相乘的结果存回 a
	/ =	a/ = b	等同于 a = a/b，将 a 和 b 相除的结果存回 a
	% =	a% = b	等同于 a = a% b，将 a 和 b 相除的余数存回 a
	+ +	a + +，+ + a	a 的值加 1，等同于 a = a + 1
	− −	a − −，− − a	a 的值减 1，等同于 a = a − 1

续表

运算符		范 例	说 明
关系运算	>	a > b	测试 a 是否大于 b
	<	a < b	测试 a 是否小于 b
	= =	a = = b	测试 a 是否等于 b
	> =	a > = b	测试 a 是否大于或等于 b
	< =	a < = b	测试 a 是否小于或等于 b
	! =	a! = b	测试 a 是否不等于 b
逻辑运算	&&	a&&b	a 和 b 作逻辑与（AND），2 个变量都为真时结果才为真
	| |	a | | b	a 和 b 作逻辑或（OR），只要有 1 个变量为真，结果就为真
	!	! a	将 a 变量的值取反，即原来为真则变为假，原来为假则变为真
位操作运算	> >	a > > b	将 a 按位右移 b 个位，高位补 0（正数）或 1（负数）
	< <	a < < b	将 a 按位左移 b 个位，低位补 0
	|	a | b	a 和 b 按位做或运算
	&	a&b	a 和 b 按位做与运算（二进制数）
	^	a^b	a 和 b 按位做异或运算（相异为 1，相同为 0）
	~	~ a	将 a 的每位取反
指针	*	* a	用来取 a 寄存器所指地址内的值

3.3.1　赋值运算符

对于"="这个符号，读者不会陌生。在 C 语言中，它的功能是给变量赋值，称为赋值运算符。利用赋值运算符将一个变量与一个表达式连接起来的式子为赋值表达式，在表达式后面加";"便构成了赋值语句。使用"="的赋值语句格式如下：

```
变量 = 表达式；
```

例如：

```
a = 0xFF;          //将常数十六进制数 FF 赋给变量 a
b = c = 33;        //同时赋值给变量 b,c
d = e;             //将变量 e 的值赋给变量 d
f = a + b;         //将变量 a + b 的值赋给变量 f
```

由上面的例子可知，赋值语句的意义就是先计算出"="右边的表达式的值，然后将得到的值赋给左边的变量。而且右边的表达式能是一个赋值表达式。

注意："= ="与"="这两个符号是不同的，但用错了编译不会报错。"="是赋值，而"= ="是用来进行相等关系运算的。

3.3.2　算术运算符

对于 a + b, a/b 这样的表达式大家都很熟悉，用在 C 语言中，+,/就是算术运算符。单片机 C 语言中的算术运算符有如下几个，其中只有取正值和取负值运算符是单目运算符，其他则都是双目运算符：

+ 　加或取正值运算符

– 　减或取负值运算符

* 　乘运算符

/ 　除运算符

% 　取余运算符

算术表达式的形式：

表达式 1　算术运算符

表达式 2

例如：

```
a +b* (10 -a),(x +9)/(y -a);
```

除法运算符和一般的算术运算规则有所不同，如是两浮点数相除，其结果为浮点数，如 10.0/20.0 所得值为 0.5，而两个整数相除时，所得值就是整数，如 7/3，值为 2。和其他语言一样，C 语言的运算符也有优先级和结合性，同样可用括号"（）"来改变优先级。这些和数学中几乎是一样的。

++　增量运算符

––　减量运算符

这两个运算符是 C 语言中特有的一种运算符。作用就是对运算对象做加 1 和减 1 运算。要注意的是，运算对象在符号前或后，其含义都是不一样的，虽然同是加 1 或减 1。

如：I++，++I，I– –，– –I。

I++（或 I– –）是先使用 I 的值，再执行 I+1（或 I–1）

++I（或 – –I）是先执行 I+1（或 I–1），再使用 I 的值。增减量运算符只允许用于变量的运算中，不能用于常数或表达式。

在 C 语言程序中，运算符具有优先级和结合性。

算术运算符优先级规定为：先乘除模（求余），后加减，括号最优先。

结合性规定为：自左至右，即运算对象两侧的算术运算符优先级相同时，先与左边的运算符结合。

3.3.3　关系运算符

单片机 C 语言中有 6 种关系运算符，即

> 　　　大于

< 　　　小于

> = 　　大于或等于

< = 　　小于或等于

= = 　　等于

! = 　　不等于

当两个表达式用关系运算符连接起来时，这时就是关系表达式。关系表达式通常用来判别某个条件是否满足。要注意的是，用关系运算符的运算结果只有 0 和 1 两种，也就是逻辑

的真与假，当指定的条件满足时结果为 1，不满足时结果为 0。

> 表达式 1　关系运算符　表达式 2

例如：

> I < J, I = = J, (I = 4) > (J = 3), J + I > J

3.3.4　逻辑运算符

关系运算符所能反映的是两个表达式之间的大小或等于关系，那逻辑运算符则是用于求条件式的逻辑值，用逻辑运算符将关系表达式或逻辑量连接起来就是逻辑表达式。逻辑表达式的一般形式为：

逻辑与：

> 条件式 1 &&　条件式 2

逻辑或：

> 条件式 1 | |　条件式 2

逻辑非：

> !　条件式 2

逻辑与就是当条件式 1 "与" 条件式 2 都为真时结果为真（非 0 值），否则为假（0 值）。也就是说，运算会先对条件式 1 进行判断，如果为真（非 0 值），则继续对条件式 2 进行判断，当结果为真时，逻辑运算的结果为真（值为 1）；当结果不为真时，逻辑运算的结果为假（0 值）。如果在判断条件式 1 时就不为真，则不用再判断条件式 2，而直接给出运算结果为假。

逻辑或是指只要两个运算条件中有一个为真时，运算结果就为真，只有当条件式都不为真时，逻辑运算结果才为假。

逻辑非是把逻辑运算结果值取反，也就是说如果条件式的运算值为真，进行逻辑非运算后则结果为假；条件式的运算值为假，进行逻辑非运算后则结果为真。

3.3.5　其他运算符

1. 位运算符

位运算符的作用是按位对变量进行运算，但是并不改变参与运算的变量的值。如果要求按位改变变量的值，则要利用相应的赋值运算。位运算符是不能用来对浮点型数据进行操作的。单片机 C 语言中共有 6 种位运算符。位运算一般的表达形式如下：

> 变量 1　位运算符　变量 2

位运算符也有优先级，从高到低依次是："～"（按位取反）→"< <"（左移）→"> >"（右移）→"&"（按位与）→"^"（按位异或）→"|"（按位或）。

2. 逗号运算符

如果读者有编程的经验，那么对逗号的作用也不会陌生。如在 VB 中 "Dim a, b, c" 的逗号就是把多个变量定义为同一类型的变量，在 C 语言中也一样，如 "int a, b, c"。这些例子说明逗号用于分隔表达式。但在 C 语言中，逗号还是一种特殊的运算符，也就是逗号运算符，能用它将两个或多个表达式连接起来，形成逗号表达式。逗号表达式的一般形式如下：

> 表达式 1,表达式 2,表达式 3……表达式 n

这样用逗号运算符组成的表达式在程序运行时，是从左到右计算出各个表达式的值，而整个用逗号运算符组成的表达式的值等于最右边表达式的值，就是"表达式 n"的值。在实际的应用中，大部分情况下，使用逗号表达式的目的只是为了分别得到各个表达式的值，而并不一定要得到和使用整个逗号表达式的值。要注意的还有，并不是在程序的任何位置出现的逗号，都能认为是逗号运算符。如函数中的参数，同类型变量的定义中的逗号只是用来间隔之用而不是逗号运算符。

3. 条件运算符

前面介绍过单片机 C 语言中有一个三目运算符，它就是"？:"条件运算符。它要求有 3 个运算对象。它能把 3 个表达式连接构成 1 个条件表达式。条件表达式的一般形式如下：

> 逻辑表达式？　表达式 1:表达式 2

条件运算符的作用简单来说就是根据逻辑表达式的值选择使用表达式的值。当逻辑表达式的值为真（非 0 值）时，整个表达式的值为表达式 1 的值；当逻辑表达式的值为假（值为 0）时，整个表达式的值为表达式 2 的值。要注意的是，条件表达式中逻辑表达式的类型可以与表达式 1 和表达式 2 的类型不一样。

3.4 单片机 C 语言程序的一般语法结构

3.4.1 顺序结构

顺序结构是指程序按语句的先后次序逐句执行的一种结构，这是最简单的语法结构。如：

```
# include"reg51.h"
main()
{
    P0 = 0xff;              //初始化端口
    P2 = 0x00;
    P1 = 0xff;
    P3 = 0xff;
    disp();                 //调用显示子函数
    test();                 //调用测量子函数
}
```

3.4.2 分支结构

分支结构可分为单分支、双分支和多分支共 3 种，C 语言程序中提供了 3 种条件转移语句，分别为 if 语句、if-else 语句和 switch 语句。C 语言程序判断条件为：非"0"即真，为

"0" 即假。

1. 单分支转移语句

单分支转移语句的格式如下：

```
if(条件表达式){执行语句;}
```

当执行语句只有一句时，可以省去 {}。if 语句的执行步骤：先判断条件表达式是否成立，若成立（为真）则执行 {} 中的语句；否则跳过 {}，执行其后面的语句。if 单分支程序执行流程图如图 3.1 所示。

2. 双分支转移语句

双分支转移语句的格式如下：

```
if(条件表达式){语句 1;}
else      {语句 2;}
```

if-else 语句的执行步骤：先判断条件表达式是否成立，若成立（为真）则执行语句 1；否则执行语句 2，然后继续执行后面的语句。if-else 双分支程序执行流程图如图 3.2 所示。

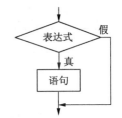

图 3.1　if 单分支程序执行流程图　　　图 3.2　if-else 双分支程序执行流程图

双分支语句在使用中可以嵌套而实现多分支结构。其格式如下：

```
if(表达式 1)语句 1;
else if(表达式 2)语句 2;
⋮
else if(表达式 n)语句 n;
else 语句 n +1;
```

if-else 嵌套实现多分支程序执行流程图，如图 3.3 所示。

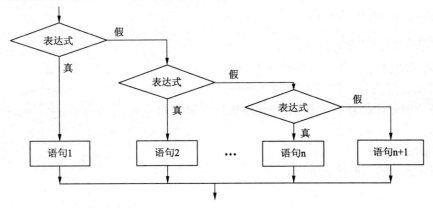

图 3.3　if-else 嵌套实现多分支程序执行流程图

3. 多分支转移语句

多分支转移语句的格式如下：

```
switch(条件表达式)
{
    case 常量表达式 1:语句 1;break;
    case 常量表达式 2:语句 2;break;
        ⋮
    case 常量表达式 n:语句 n;break;
    default:语句 n+1;break;
}
```

switch 语句的执行步骤：当条件表达式的值同某一 case 后面的常量表达式相同时，则执行相应的语句。如都不相同，则执行 default 后面的语句。case 后面的常量表达式必须互不相同，否则会出现混乱，case 后面的 break 不能漏写，如没有 break 语句，在执行完本语句功能后，程序将继续执行下一句 case 的语句功能。switch 多分支程序执行流程图如图 3.4 所示。

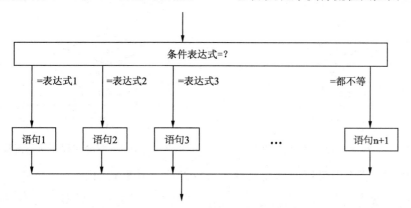

图 3.4　switch 多分支程序执行流程图

3.4.3　循环结构

循环结构有 while、do-while 和 for 语句。

1. while 语句

while 语句的一般格式如下：

```
while(表达式){循环体语句;}
```

while 语句的执行步骤：先判断 while 后的表达式是否成立，若成立（为真）则重复执行循环体语句，直到表达式不成立时退出循环。while 循环程序执行流程图如图 3.5 所示。

2. do-while 语句

do-while 语句的一般格式如下：

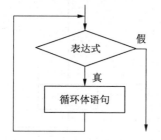

图 3.5　while 循环程序执行流程图

```
do{循环体语句;}
while(表达式);
```

do-while 语句的执行步骤：先执行循环体语句，然后判断表达式是否成立，若成立（为真）则重复执行循环体语句，直到表达式不成立时退出循环。do-while 循环程序执行流程图如图 3.6 所示。

3. for 语句

for 语句的一般格式如下：

```
for(表达式1;表达式2;表达式3){循环体语句;}
```

for 语句的执行步骤：先求表达式 1 的值并作为变量的初值，再判断表达式 2 是否满足条件，若为真则执行循环体语句，最后执行表达式 3 对变量进行修正，再判断表达式 2 是否满足条件，这样直到表达式 2 的条件不满足时退出循环。for 循环程序执行流程图如图 3.7 所示。

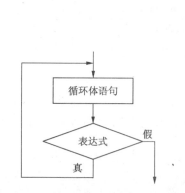

图 3.6　do-while 循环程序执行流程图

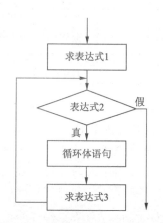

图 3.7　for 循环程序执行流程图

3.5　8051 单片机的 C 语言程序

用通用的 C 语言编写的所生成的可执行程序，不一定能在单片机上执行。使用时要注意，C 语言程序在调用标准库函数时，总是在程序开头用文件包含命令#include，由于不同的编译器所用的头文件可能不同，因此应注意头文件的名称，程序中使用的名称要与编译器规定的名称相符合。用 C51 编译器编译源程序时，数据类型和存储类型都是可以预先定义的，但数据具体放在哪一个单元则由编译器决定，不必由用户指定。

3.5.1　存储类型及存储区

在单片机中，一个变量可以放在片内存储单元，也可以放在片外存储单元，或者放在间接寻址区。C51 编译器支持 8051 及其扩展系列，并提供对 8051 所有存储区的访问。存储区可分为内部数据存储区、外部数据存储区以及程序存储区。8051 片内 RAM 区是可读写的，8051 派生系列最多可有 256B 的内部数据存储区，在 C51 中，低 128 字节单元可直接寻址，高 128 字节单元（从 0x80 到 0xFF）只能间接寻址，从 0x20H 开始的 16 字节单元可位寻址。内部数据区又可分为 3 个不同的存储类型：data、idata 和 bdata。片外 RAM 区也是可读写的，访问片外 RAM 比访问片内 RAM 要慢。C51 编译器提供两种存储类型 xdata 和 pdata 以访问片外 RAM，程序 code 存储区是只读的。程序存储区主要包括片内 ROM 和片外 ROM。

因此，在单片机 C 语言编程时，除要定义变量的数据类型外，还要定义其存储类型，如：

```
intcode x,y;      //表示整型变量指定在片内 RAM
char xdata m,n;   //表示字符变量指定在片外 RAM
```

在单片机 C 语言编程中，C51 存储类型与 51 系列存储空间的对应关系见表 3.4。

表 3.4　C51 存储类型与 51 系列存储空间的对应关系

存储类型标识符	与存储空间的对应关系
data	直接片内 RAM，共 128 字节，00H ~ 7FH
bdata	片内 RAM 的位寻址区，共 16 字节，20H ~ 2FH
idata	间接寻址区，共 128 字节，80H ~ FFH
pdata	分页寻址片外 RAM 区，共 256 字节，00H ~ FFH
xdata	片外 RAM 区，共 64 千字节，0000H ~ FFFFH
code	程序存储区，共 64 千字节，0000H ~ FFFFH

1. DATA 区

DATA 区即片内 RAM 区，一般用于存放变量；但是 DATA 区的空间是有限的，DATA 区除了包含程序变量外，还包含了堆栈和寄存器组。DATA 区声明中的存储类型标识符 data，通常指低 128 字节单元的片内 RAM 区存储的变量，可直接寻址。

声明举例如下：

```
unsigned char datas_status = 0;
unsigned int data unit_id[2];
char data inp_string[16];
float data outp_value;
```

标准变量和用户自定义变量都可存储在 DATA 区中，但范围仅有 128 字节可用。因为 C51 要使用一组工作寄存器来传递参数，这组空间不能再作它用。另外，8051 单片机没有硬件报错机制，当堆栈溢出时会使 CPU 强行复位，因此要声明足够大的堆栈空间以防堆栈溢出。

2. BDATA 区

BDATA 区实际就是 DATA 区中的位寻址区，在这个区声明变量就可进行位寻址。位变量每一位都可以进行位寻址。BDATA 区声明中的存储类型标识符为 bdata，指内部可位寻址的 16 字节存储区（0x20 ~ 0x2F）可位寻址变量的数据类型。

声明举例如下：

```
unsigned char bdata status_bute;
unsigned int bdata status_word;
sbit stat_flag = status_byte^4;
stat_flag = 1;
```

在 C 语言程序中，不允许在 BDATA 区中声明 float 型和 double 型的变量。如果想对浮点数的每一位进行寻址，可以通过包含 float 型和 long 型的联合体来实现，如：

```
typedef union              //声明结构体类型
{
    unsigned long lvalue;  //长整形 32 位
    float fvalue;          //浮点数 32 位
}bit_float;                //结构体名
bit_float bdata myfloat;   //在 BDATA 区中声明结构体
sbit float_ld = myfloat^31; //声明位变量名
```

下面的代码可访问状态寄存器的特定位，应注意比较访问声明在 DATA 区中的一字节与通过位名和位地址访问同样的可位寻址字节的位的代码之间的区别，如：

use_bitnum_status 的汇编代码比 use_byte_status 的代码要大。

```
unsigned char data byte_status = 0x43;   //声明 1 字节宽状态寄存器
unsigned char bdata bit_status = 0x43;   //声明 1 个可位寻址状态寄存器
sbit status_3 = bit_status^3;            //把 bit_status 的第 3 位设为位变量
bit use_bit_status(void);
bit use_byte_status(void);
```

对变量位进行寻址产生的汇编代码比声明 DATA 区的字节所产生的汇编代码要好。如果对声明在 BDATA 区中的字节位采用偏移量进行寻址而不是用先前声明的位变量名时，编译后的代码是错误的。

需要特别注意的是，在处理位变量时，要使用声明的位变量名而不要使用偏移量。

3. IDATA 区

IDATA 区也可存放使用比较频繁的变量，使用寄存器作为指针进行寻址，即在寄存器中设置 8 位地址进行间接寻址。与外部存储器寻址相比，其指令执行周期和代码长度都比较短。IDATA 区声明中的存储类型标识符为 idata，指内部的 256 字节单元的存储区，但是只能间接寻址，速度比直接寻址慢。

声明举例如下：

```
unsigned char idata system_status = 0;
unsigned int idata unit_id[2];
float idata outp_value;
```

4. PDATA 区和 XDATA 区

PDATA 区和 XDATA 区属于外部存储区，片外 RAM 最多有 64 KB。访问外部数据存储区比访问内部数据存储区慢，因为外部数据存储区是通过数据指针加载地址来间接访问的。

在这两个区，变量的声明和在其他区的语法是一样的，但 PDATA 区只有 256 B，而 XDATA 区可达 64 KB。对 PDATA 和 XDATA 的操作是相似的，只是对 PDATA 区寻址只需要装入 8 位地址，而对 XDATA 区寻址需装入 16 位地址。

PDATA 区和 XDATA 区声明中的存储类标识符分别为 pdata 和 xdata，声明举例如下：

```
unsigned char xdata system_status = 0;
unsigned int pdata unit_id[2];
char xdata inp_string[16];
float pdata outp_value;
```

对 PDATA 和 XDATA 寻址要使用汇编指令 MOVX。

```
#include < reg51.h >
unsigned char pdata inp_reg1;
unsigned char xdata inp_reg2;
void main()
{
    inp_reg1 = P1;
    inp_reg2 = P3
}
```

在外部数据地址段中除了包含存储器外，还包含 I/O 设备。对外围设备寻址可通过指针或 C51 提供的宏，使用宏对外部器件进行寻址更具可读性。

5. CODE 区

程序在 CODE 区的数据是不可改变的，跳转向量和状态表对 CODE 区的访问和对 XDA-TA 区的访问时间是一样的。编译的时候要对程序存储区中的对象进行初始化，否则就会产生错误。程序存储区 CODE 声明中的标识符为 code，在 C51 编译器中可用 code 存储区类型标识符来访问程序存储区。声明举例如下：

```
unsigned char code a[ ] = {0x00,0x01,0x02,0x03,0x04,0x05,0x06,0x07,0x08,0x09,
0x010,0x011,0x012,0x013,0x014,0x015};
```

3.5.2 特殊功能寄存器

8051 单片机含有 128 字节单元的特殊功能寄存器（SFR）区，地址为 0x80 ~ 0xFF。除了程序计数器和 4 组通用寄存器组之外，其他所有的寄存器均为特殊功能寄存器，并位于片内特殊功能寄存器区。这个区域基本都可位寻址、字节寻址或字寻址，用以控制定时/计数器、串行端口、并行 I/O 及其他部件。

特殊功能寄存器可由以下几种关键字说明。

（1）sfr。声明字节寻址的特殊功能寄存器，如 sfr P0 = 0x80，表示 P0 口地址为 0x80。注意："sfr"后面必须跟一个特殊功能寄存器名；" = "后面的地址必须是常数，不允许带有运算符的表达式，且其范围必须在特殊功能寄存器地址范围内，即位于 0x80 ~ 0xFF 之间。

（2）sfr16。许多新型 8051 派生系列单片机用两个连续地址的特殊功能寄存器来指定 16 位数值，例如 8052 用地址 0xCC 和 0xCD 表示定时/计数器 T2 的低 8 位和高 8 位，如 sfr16 T2 = 0xCC，表示 T2 的低字节地址 T2L = 0xCC，高字节地址 T2H = 0xCD。sfr16 声明和 sfr 声明遵循相同的原则。声明中名字后面不是赋值语句，而是一个特殊功能寄存器地址，其高字节必须位于低字节之后，这种声明适用于所有新的特殊功能寄存器，但不能用于定时/计数器 T0 和 T1。

（3）sbit。声明可位寻址的特殊功能寄存器和其他可位寻址的对象。" = "后将绝对地址赋给变量名，有 3 种位变量声明形式如下：

① sfr_name^int_constant。该变量用一个已声明的 sfr_ name 作为 sbit 的基地址（特殊功能寄存器的地址必须能被 8 整除）。"^"后面的表达式指定了位的位置，必须是 0 ~ 7 中的 1 个数，如：

```
sfr PSW = 0xD0;    //声明 PSW 为特殊功能寄存器,地址为 0xD0
sbit OV = PSW^2;
```

② int_constant^int_constant。该变量用一个整常数作为 sbit 的基地址，基地址值必须能被 8 整除，如：

```
sbit OV = 0xD0^2;
sbit EA = 0xA8^7;    //指定 IE 的第 7 位为 EA,即中断允许位
```

③ int_constant。该变量是一个 sbit 的绝对位地址，如：

```
sbit OV = 0xD2;
sbit EA = 0xAF;
```

（4）51 系列单片机有 21 个特殊功能寄存器，对它的操作只能采用直接寻址方式，在 C51 编译器中专门提供了一种定义方式，它用 sfr 和 sbit，其中 sbit 可以访问可位寻址对象，如：

```
sfr PSW = 0xD0;
sbit CY = PSW^7;
```

sfr 之后的寄存器名称必须大写，定义之后可直接对这些寄存器赋值。

3.5.3　中断标识符

单片机 C 语言程序的中断程序与汇编不同，其中断过程是用 interrupt 关键字和中断号（0 ~ 31）来实现的，中断号告诉编译器中断程序的入口地址，中断号对应着 IE 寄存器中的使能位，如 IE 寄存器中的 0 位对应着外部中断 0，依此类推，表 3.5 为单片机中断源与 C 语言程序中断号的对应关系。

表 3.5　单片机中断源与 C 语言程序中断号的对应关系

C 语言程序中的中断号	对应单片机的中断源
0	外部中断 $\overline{INT0}$
1	定时/计数器 T0 溢出中断
2	外部中断 $\overline{INT1}$
3	定时/计数器 T1 溢出中断
4	串行端口中断
* 5	定时器 2 溢出中断（52 系列）

在中断程序中，如果用到了累加器、状态寄存器、B 寄存器、数据指针及默认的寄存器时，编译的时候会自动将它们入栈，在中断程序结束时会自动恢复。中断程序的入口地址被

编译器放在中断向量中，C51 支持所有 8051 的 5 个标准中断和其他 51 系列中多达 27 个的中断源。如一个定时/计数器 T0 的溢出中断程序编写格式如下（应包含头文件"reg51.h"）：

```
void timer0(void)  interrupt 1        //timer0(void)为中断函数名
{
    TR0 = 0;                           //关定时/计数器 T0
    TH0 = RELOADVALH;                  //重装初值
    TL0 = RELOADVALL;
    TR0 = 1;                           //启动定时器 0
    tick_count + +;                    //中断次数计数器加 1
}
```

3.6　C 语言程序在单片机典型系统中的应用

3.6.1　8×8 LED 点阵显示原理及应用举例

20 世纪 80 年代以来出现了组合型 LED 点阵显示屏，以发光二极管为像素，用高亮度发光二极管芯阵列组合而成，并采用环氧树脂和塑膜封装。点阵显示屏有单色和双色两类，可显示红、黄、绿、橙等。LED 点阵有 4×4、4×8、5×7、5×8、8×8、16×16、24×24、40×40 等多种。

8×8 LED 点阵显示屏有两类：一类为共阴极，另一类为共阳极。本节介绍的 Matrix-8×8-RED 为共阳极的 LED 点阵显示屏，其结构与引脚之间的关系如图 3.8 所示。

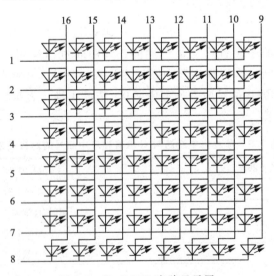

图 3.8　8×8 LED 点阵显示屏

例 3.1　设计点阵式 LED 显示的电路连接，并通过软件编写扫描的显示程序，实现简单的点阵显示功能。

解:·

（1）8×8 LED 点阵显示原理图如图 3.9 所示。

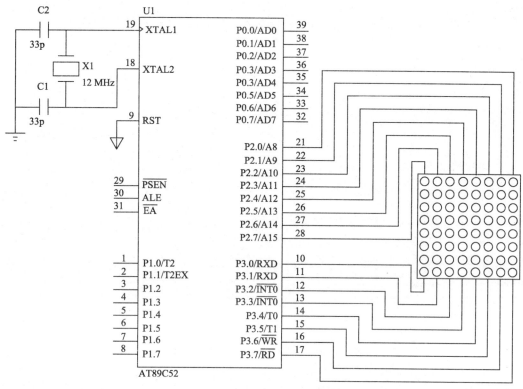

图 3.9 8×8 LED 点阵显示原理图

（2）参考程序，具体如下：

```
#include < reg52. h >
#define uchar unsigned char
uchar code taba[] = {0xfe,0xfd,0xfb,0xf7,0xef,0xdf,0xbf,0x7f};
//1111 1110, 1111 1101,1111 1011,1111 0111,1110 1111,1101,1111,1011,1111, 0111 1111
uchar code tabb[] = {0x01,0x02,0x04,0x08,0x10,0x20,0x40,0x80};
//1000 0001
void delay(void)
{
    uchar i,j;
    for(i =10;i >0;i - -)
    for(j =248;j >0;j - -);
}
void delay1(void)
{
    uchar i,j,k;
    for(k =10;k >0;k - -)
    for(i =20;i >0;i - -)
```

```
        for(j =248;j >0;j - -);
}
void main(void)
{
    uchar i,j;
    while(1)
    {
        for(j =0;j <3;j + +)
        {
            for(i =0;i <8;i + +)
            {
                P3 =taba[i];
                P2 =0xff;//1111 1111
                delay1();
            }
        }
        for(j =0;j <3;j + +)
        {
            for(i =0;i <8;i + +)
            {
                P3 =taba[7 - -i];
                P2 =0xff;
                delay1();
            }
        }
        for(j =0;j <3;j + +)
        {
            for(i =0;i <8;i + +)
            {
                P3 =0x00;//0000 0000
                P2 =tabb[7 - -i];
                delay1();
            }
        }
        for(j =0;j <3;j + +)
        {
            for(i =0;i <8;i + +)
            {
                P3 =0x00;
                P2 =tabb[i];
                delay1();
            }
```

```
            }
        }
    }
```

3.6.2　大屏幕 LED 点阵显示屏工作原理及典型应用

　　当 LED 点阵越多时，所需要的控制信号就越多，从理论上说，不论显示图形还是文字，只要控制与组成这些图形或文字的各个点所在位置相对应的发光二极管发光，就可以得到想要的显示结果，这种同时控制各个发光二极管亮灭的方法称为静态驱动显示方式。如 16×16 的点阵，共需要 256 个发光二极管，显然单片机没有这么多端口，如果采用锁存器来扩展端口，按 8 位的锁存器来计算，16×16 的点阵需要 256/8=32 个锁存器。这个数字很庞大，因为仅仅是 16×16 的点阵，在实际应用中的显示屏往往要大得多，这样在锁存器上花的成本将是一个很庞大的数字。因此在实际应用中的显示屏几乎都不采用这种设计，而采用另一种称为动态扫描的显示方法。

　　动态扫描，简单地说就是逐行轮流点亮，这样扫描驱动电路就可以实现多行（比如 16 行）的同名列共用一套列驱动器。具体就 16×16 的点阵来说，我们把所有同一行的发光二极管的阳极连在一起，把所有同一列的发光二极管的阴极连在一起（共阳极接法），先送出对应第 1 行发光二极管亮灭的数据并锁存，然后选通第 1 行使其点亮一定的时间，然后熄灭；再送出第 2 行的数据并锁存，然后选通第 2 行使其点亮相同的时间，然后熄灭……第 16 行之后又重新点亮第 1 行，这样反复轮回。当这样轮回的速度足够快（每秒 24 次以上），由于人眼的视觉暂留现象，人们就能看到显示屏上稳定的图形了。

　　采用扫描方式进行显示时，每行有 1 个行驱动器，各行的同名列共用 1 个列驱动器。显示数据通常存储在单片机的存储器中，按 8 位 1 字节的形式顺序排放。显示时要把一行中各列的数据都传送到相应的列驱动器上去，这就存在显示数据传输的问题。从控制电路到列驱动器的数据传输可以采用并行方式或串行方式。显然，采用并行方式时，从控制电路到列驱动器的线路数量大，相应的硬件数目多。当列数很多时，并行传输的方案是不可取的。

　　采用串行传输的方法，控制电路可以只用 1 根信号线，将列数据 1 位 1 位传往列驱动器，在硬件方面无疑是十分经济的。但是，串行传输过程较长，数据按顺序 1 位 1 位地输出给列驱动器，只有当一行的各列数据都已传输到位之后，这一行的各列才能并行地进行显示。这样，对于一行的显示过程就可以分解成列数据准备（传输）和列数据显示两个部分。对于串行传输方式来说，列数据准备时间可能相当长，在行扫描周期确定的情况下，留给行显示的时间就太少了，以至影响到发光二极管的亮度。

　　解决串行传输中列数据准备和列数据显示的时间矛盾问题，可以采用重叠处理的方法。即在显示本行各列数据的同时，传送下一行的列数据。为了达到重叠处理的目的，列数据的显示就需要具有锁存功能。经过上述分析，可以归纳出列驱动器电路应具备的主要功能。对于列数据准备来说，它应能实现串入并出的移位功能；对于列数据显示来说，应具有并行锁存的功能。这样，本行已准备好的数据打入并行锁存器进行显示时，串并移位寄存器就可以准备下一行的列数据，而不会影响本行的显示。图 3.10 为大屏幕 LED 显示屏电路框图。

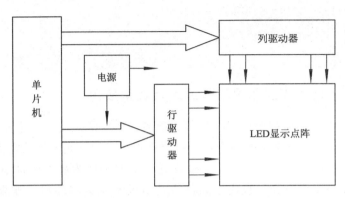

图 3.10 大屏幕 LED 显示屏电路框图

3.7 技能实训

【实训 3】 Proteus 7 Professional 软件入门

实训目的

学习 Proteus 7 Professional 软件的使用方法，主要包括硬件原理图的设计方法，单片机目标程序的加载及调试方法等，为后续单片机硬件仿真实验打下基础。

实训内容

围绕一个案例，通过文件建立→元件添加→系统设置→原理图绘制→信号加载→目标程序加载→仿真运行（包括单步执行及连续执行）→其他设置等过程掌握 Proteus 7 Professional 软件的基本使用方法。Proteus 7 Professional 是带程序的硬件仿真工具，可以直接在原理图上仿真。本实训主要学习如何用 Proteus 7 Professional 软件来仿真 8051 单片机。

实训步骤

Proteus 7 Professional 软件的主窗口界面如图 3.11 所示。

（1）原理图编辑窗口（The Editing Window）：顾名思义，它是用来绘制原理图的。注意，这个窗口是没有滚动条的，用户可用"预览窗口"来改变原理图的可视范围。

特别提醒：Proteus 7 Professional 软件的操作不同于以前版本。主要操作功能有：鼠标中间滚轮可以缩放原理图；左键既可放置元件，也可选择元件，双击可打开属性对话框；可用左键拖动元件；可用左键连线；右击可弹出快捷菜单；双击右键可删除元件。

（2）预览窗口（The Overview Window）。它可显示两个内容：一个是，当在元件列表中选择一个元件时，它会显示该元件的预览图；另一个是，当光标落在原理图编辑窗口时（即放置元件到原理图编辑窗口后或在原理图编辑窗口中单击后），它会显示整张原理图的缩略图，并会显示一个绿色的方框，绿色方框内的内容就是当前原理图窗口中显示的内容，因此，可在它上面单击来改变绿色方框的位置，从而改变原理图的可视范围。

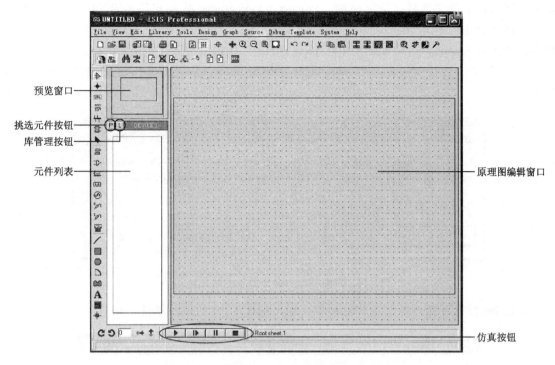

预览窗口

挑选元件按钮

库管理按钮

元件列表

原理图编辑窗口

仿真按钮

图 3.11 主窗口界面

（3）模型选择工具栏（Mode Selector Toolbar）：

① 主要模型（Main Modes）： 。按从左到右的顺序依次是：选择元件（components）（默认选择的）、放置连接点（交叉点）、标签（用总线时用到）、文本、用于绘制总线、用于放置子电路及用于即时编辑元件（用法：先单击该图标再单击要修改的元件）。

② 配件（Gadgets）： 。按从左到右的顺序依次是：终端接口（VCC、地、输出、输入等接口）、器件引脚、仿真图表（graph）、录音机、信号发生器（generators）、电压探针、电流探针、虚拟仪表。

③ 2D 图形（2D Graphics）： 。主要用于画一般非电气特性图形。

（4）元件列表（The Object Selector）：用于挑选元件（components）、终端接口（terminals）、信号发生器（generators）、仿真图表（graph）等。举例，当选择"元件（components）"，单击 P 按钮会打开挑选元件对话框，选择了一个元件后（单击 OK 按钮），该元件会在元件列表中显示，以后要用到该元件时，只需要在元件列表中选择即可。

（5）方向工具栏（Orientation Toolbar）：

① 旋转 ：旋转角度只能是 90°的整数倍。

② 翻转 ：完成水平翻转和垂直翻转。

③ 使用方法：先右击元件，再单击（左击）相应的旋转图标。

（6）仿真工具栏。仿真控制按钮 。从左到右功能依次是：连续运行、单步运行、暂停、停止。

具体步骤：开始前要准备好仿真文件，就是用编译器编译连接产生的调试或下载文件，不同编译器产生的文件格式是不同的。Proteus 7 Professional 软件支持的有 COF、D90、HEX 等，本例文件用的是 Lcddemo.hex，用户可以在 "C：\ Program Files \ Labcenter Electronics \ Proteus 7 Professional \ SAMPLES \ 8051 LCD Driver" 找到该文件。

（1）启动：运行 Proteus 7 Professional（ISIS6 Professional）后出现图 3.12 所示的对话框。

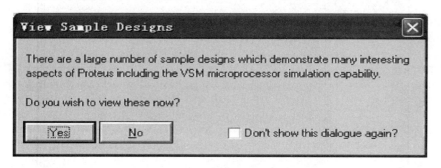

图 3.12　选取样例对话框

单击 No 按钮不打开样例选取对话框，即出现图 3.13 所示的系统主窗口。

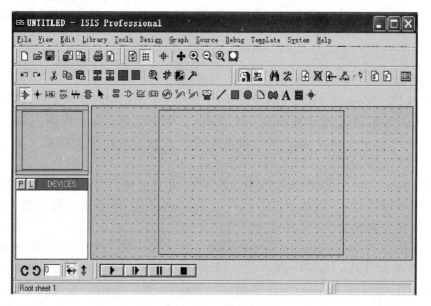

图 3.13　系统主窗口

（2）添加元件到元件列表栏：本例的元件有 74LS373、80C51. BUS、CAP、CRYSTAL、LM032L、NAND_2。

单击 P 按钮，即 ![按钮图标]，弹出挑选元件对话框，如图 3.14 所示。

在对话框的 Keywords 文本框中输入 74LS373，得到图 3.15 所示结果。

在元件列表框中选中 74LS373 的元件，之后单击 OK 按钮，回到主窗口界面，会在元件列表框中出现名为 74LS373 的元件，用同样方法添加 80C51. BUS、CAP、CRYSTAL、LM032L、NAND_2 等元件，元件选择最终结果如图 3.16 所示。

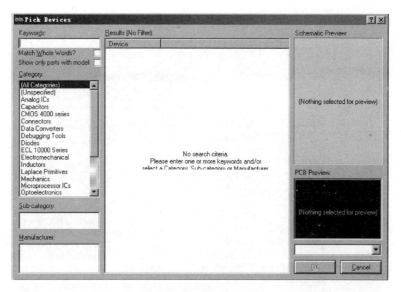

图 3.14 元件添加对话框

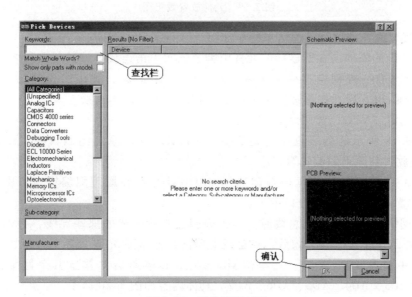

图 3.15 元件搜索结果

图 3.16 元件选择最终结果

（3）放置元件：在元件列表框中左键选择 74LS373，在原理图编辑窗口中单击，这样 74LS373 就被放到原理图编辑窗口中了。同样放置 80C51. BUS、CAP、CRYSTAL、LM032L、NAND_2 等元件。元件放置效果图如图 3.17 所示。（提示：在操作过程中可能要进行旋转、选择、删除等操作，具体操作方法可参看前面"特别提醒"的内容。）

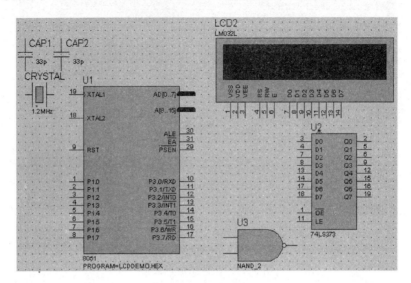

图 3.17　元件放置效果图

（4）连接导线、电源及其他信号的添加：

① 单根导线的添加：在所连接的元件引脚上依次单击连接导线的起点和终点即可。

② 总线的添加：左键选择模型选择工具栏中的图标 ▤，弹出图 3.18 所示的列表框。在列表框中选取 BUS 后，在原理图中单击起点和终点即可画出总线。

③ 添加电源"VCC"及"地"符号：

a. 在图 3.18 所示的列表框中左键选择 POWER，并在原理图编辑窗口中单击，这样"VCC"就被放置到原理图编辑窗口中了。

b. 在图 3.18 所示的列表框中左键选择 GROUND，并在原理图编辑窗口中单击，这样"地"就被放置到原理图编辑窗口中了。

④ 添加网络标号：在绘制总线时，为了表明总线所代表的那些导线，必须对总线进行添加网络标号，方法是：单击 ▨ 后，在总线上单击，弹出图 3.19 所示对话框，在图 3.19 的 String 文本框中输入 AD［0..7］后单击 OK 按钮，以同样方法添加其余网络标号：AD0、AD1、AD2、AD3、AD4、AD5、AD6、AD7。具体内容如图 3.20 所示。

图 3.18　信号添加列表框　　　　图 3.19　网络标号对话框

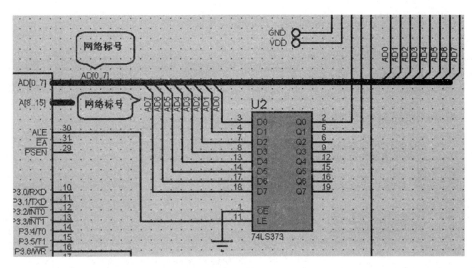

图 3.20　网络标号

系统完成后的总图如图 3.21 所示。

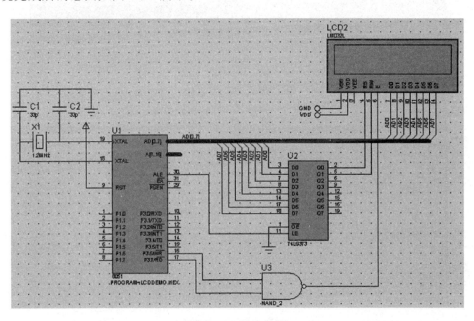

图 3.21　系统总图

（5）加载目标程序文件：双击 80C51. BUS 元件以选中它（元件变成红色即被选中），弹出图 3.22 所示对话框。

在 Program File 中单击■按钮，弹出文件浏览对话框，按路径 C：\ Program Files \ Labcenter Electronics \ Proteus 7 Professional \ SAMPLES \ VSM for 8051 \ 8051 LCD Driver 找到 LCDDEMO. HEX 文件，单击"确定"按钮完成添加操作，之后在 8051 属性对话框中将其时钟频率（Clock Frequency）设为 12 MHz。

（6）调试运行：单击■　▶　按钮开始仿真，如图 3.23 所示。

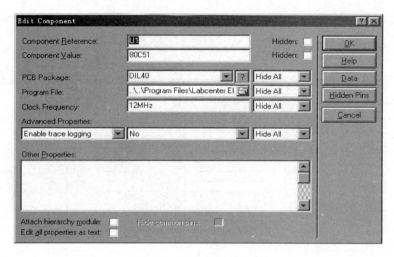

图 3.22　元件属性对话框

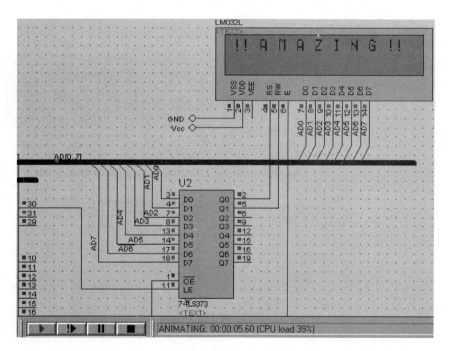

图 3.23　仿真运行界面

（7）说明：在仿真状态下，各元件引脚中，红色代表高电平，蓝色代表低电平，灰色代表不确定电平（浮空状态）。另外，如果加载 COF 文件格式，运行时，在 Debug 菜单中可以查看 51 单片机的相关资源。

【实训4】　跑马灯

实训目的

（1）学习单片机系统中并行 I/O 接口的使用方法。

（2）学会用 C 语言编写单片机程序的基本方法。

实训内容

进一步熟悉 Proteus 7 Professional 软件的使用方法，通过 Keil 软件编写 C 语言程序，并通过 Proteus 7 Professional 软件实现 51 单片机并行接口驱动多个发光二极管的轮流控制。

实训步骤

（1）系统硬件。跑马灯硬件电路图如图 3.24 所示。

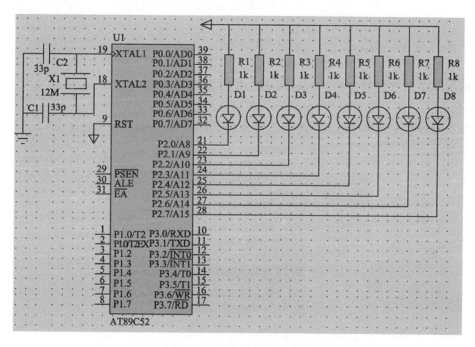

图 3.24　跑马灯硬件电路图

（2）参考程序，具体如下：

```
#include "reg51.h"
delay(int t)
{
    int i,j;
    for(i=0;i<t;i++)
    for(j=0;j<10;j++);
}
main()
{
    char i,s;
    while(1)
```

```
        {
            s = 0xfe;
            P2 = s;
            for(i = 0;i < 8;i + +)
            {
                delay(2000);
                s = s < <1;
                s = s |1;
                P2 = s;
            }
        }
}
```

（3）用 Keil 软件完成如下操作：

① 利用 Keil 软件新建工程，再新建文件并另存为 C 格式（.c），并将其加载到当前工程中，最后输入上述 C 语言程序。

② 先在管理栏中选中 Target 1 选项，再执行 Project→Options for Target 'Target 1' 命令，如图 3.25 所示。

扫一扫

实训 4
Keil

图 3.25　Project 菜单

③ 之后即弹出图 3.26 所示的对话框。切换到图中白色箭头指向的 Output 选项卡，并选中其中黑色箭头指向的 Create HEX File 前的复选框。

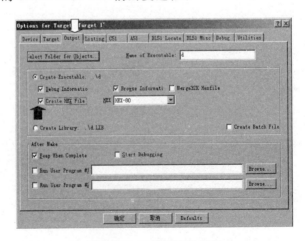

图 3.26　工程属性对话框

④ 编译程序，生成目标代码，即 HEX 文件。

⑤ 利用 Proteus 7 Professional 软件建立图 3.24 所示的电路原理图，该图所包含的元件有 AT89C52、LED-BLUE、MINRES100R、CAP、CRYSTAL，对 AT89C52 加载上述第④步生成的 HEX 文件。［操作方法参照实训 3 的步骤（5）］。

（4）用 Proteus 7 Professional 软件完成如下操作：

① 从 Proteus 7 Professional 元件库中选取元器件。AT89C51（单片机）、LED-BLUE（发光二极管）、MINRES1R（电阻元件）、CAP（电容元件）、CRYSTAL（晶振）。

② 放置元器件、电源和地，按参考电路图所示连线，没有连线的引脚用网络标号代替。

③ 设置元器件属性并进行电气检测。先右击，再单击各元器件，按参考电路图所示，设置元器件的属性值。执行 Tools→Electrical Rules Check 命令，完成电气检测。

④ 加载目标代码文件。双击单片机 AT89C51，弹出编辑元件属性对话框，参照实训 3 的步骤（5）加载目标程序，即找到并选中前面用 Keil 软件编译生成的 HEX 文件，单击"打开"按钮，完成添加；注意将 Clock Frequency 栏中的频率设为 12 MHz。

⑤ 单击仿真启动按钮，全速运行程序。

⑥ 观察并记录发光二极管的变化规律。

实训 4
Proteus

分析与思考

（1）试修改程序，使 8 个发光二极管逆序显示。

（2）试修改程序，使 4 灯流水滚动，即从左向右滚动一次，然后逆向滚动一次，如此循环。

（3）实现开关门效果，即 8 灯从中间依次向两边点亮，之后再由两边向中间依次熄灭。

习　题

一、选择题

1. C 语言中最简单的数据类型包括（　　）。

　　A. 整型、实型、逻辑型　　　　　　　　　B. 整型、实型、字符型

　　C. 整型、字符型、逻辑型　　　　　　　　D. 整型、实型、逻辑型、字符型

2. 以下选项中合法的字符常量是（　　）。

　　A. "B"　　　　　　　B. '\010'　　　　　　C. 68　　　　　　　D. D

3. C 语言中，合法的长整型常数是（　　）。

　　A. OL　　　　　　　B. 4962710　　　　　C. 324562　　　　　D. 216D

4. 下选项中，不能作为合法常量的是（　　）。

　　A. 1.234e04　　　　B. 1.234e0.4　　　　C. 1.234e+4　　　　D. 1.234e0

5. C 语言提供的合法的数据类型关键字是（　　）。

　　A. Double　　　　　B. short　　　　　　C. integer　　　　　D. Char

6. 以下选项中可作为 C 语言合法常量的是（　　）。

　　A. -80　　　　　　　B. -080　　　　　　C. -8e1.0　　　　　D. -80.0e

7. 以下不能定义为用户标识符的是（　　）。

    A. Main   B. _0   C. _int   D. sizeof

二、判断题

1. 在对某一函数进行多次调用时，系统会对相应的自动变量重新分配存储单元。

                                                            （   ）

2. 在 C 语言的复合语句中，只能包含可执行语句。   （   ）

3. 自动变量属于局部变量。   （   ）

4. continue 和 break 都可用来实现循环体的中止。   （   ）

5. 字符常量的长度肯定为 1。   （   ）

6. 所有定义在主函数之前的函数无须进行声明。   （   ）

7. C 语言允许在复合语句内定义自动变量。   （   ）

8. 若一个函数的返回类型为 void，则表示其没有返回值。   （   ）

三、简答题

1. 用预处理指令#define 声明一个常数，用以表明 1 年中有多少秒（忽略闰年问题）的格式如下：#define SECONDS_PER_YEAR（60 ＊ 60 ＊ 24 ＊ 365）；并指出其数据类型。

2. 在程序中经常要用到无限循环，如何用 C 语言编写无限循环呢？

3. 关键字 static 的作用是什么？

4. 关键字 const 的含义是什么？

5. 关键字 volatile 的含义是什么？

第 **4** 章　存储器系统

学习目标：

本章主要介绍了单片机系统中关于程序存储器和数据存储器扩展的基本原理，并对几种典型存储器芯片进行扩展应用举例。通过学习，学生可了解单片机中程序与数据分开存放的基本规则，掌握单片机系统中有关存储器扩展的基本原理及应用，并能正确分配其地址空间。

知识点：

（1）存储器的分类，主要是 EPROM 及 SRAM；

（2）单片机的地址分时复用技术，地址锁存器的工作原理；

（3）存储器片选信号中，线选法和译码法的各自特点及用法；

（4）扩展存储器的地址分配。

4.1　8051 单片机外部总线的扩展

4.1.1　8051 单片机的三总线结构

为了使单片机能方便地与各种扩展芯片连接，常将单片机的外部总线连接为一般的微型计算机三总线结构形式。对于 8051 单片机，三总线结构及分配如下：

1. 地址总线

由 P2 口提供高 8 位地址线，由 P0 口提供低 8 位地址线。组成 16 位地址，范围为 0x0000 ~ 0xffff，即 0 ~ 65 535，总空间为 64 KB（即 2^{16}）。

2. 数据总线

由 P0 口提供 8 位数据线（D7 ~ D0）。由于 P0 口既要用于地址线，又要用于数据线，故只能采用分时复用技术，先地址，后数据。而单片机在工作时，必须保证地址总线和数据总线是同时有效且相互独立的，这样对 P0 口来讲是矛盾的，因此要采用地址锁存器解决。

3. 控制总线

扩展系统时常用的控制信号如下所述：

（1）ALE——地址锁存信号，用以实现对低 8 位地址的锁存，高电平打开锁存器，下跳变锁存。

（2）$\overline{\text{PSEN}}$ ——片外程序存储器读选通信号，即取指信号。（ROM）

（3）$\overline{\text{RD}}$ ——片外数据存储器读信号。（RAM）

（4）$\overline{WR}$——片外数据存储器写信号。（RAM）

图 4.1 为 8051 单片机扩展成三总线结构的示意图。通过锁存器将地址总线与数据总线分离后，扩展芯片与单片机的连接方法与一般三总线结构的计算机就完全相同了。

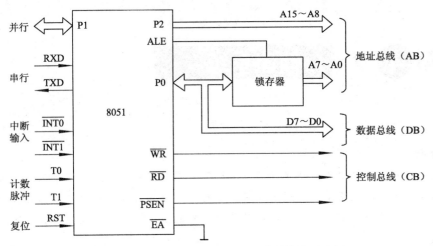

图 4.1　8051 单片机扩展成三总线结构的示意图

4.1.2　典型 8 位地址总线锁存芯片

由于 P0 口是一个复用口，因此要借助地址锁存器将系统地址总线与数据总线分离，地址锁存信号 ALE 高电平时 P0 口的信号为地址信号，地址锁存信号 ALE 低电平时 P0 口的信号为数据信号，即地址信号在 ALE 高电平出现，在 ALE 下跳变后消失。因此，为了锁存地址信息，可以用 ALE 的负跳变将地址信息存入地址锁存器。

8051 单片机扩展低 8 位地址总线常采用 74LS373、Intel8282、74LS273 芯片作为地址锁存器，如图 4.2 所示。其实 74LS373 与 Intel8282 是同类芯片，区别是具体引脚不同。

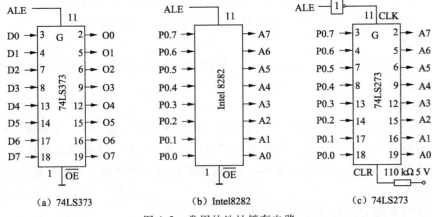

（a）74LS373　　　　（b）Intel8282　　　　（c）74LS273

图 4.2　常用的地址锁存电路

74LS373 为三态输出的 8 位透明锁存器，74LS373 的输出端 O0～O7 可直接与总线相连。当三态输出允许控制端 $\overline{OE}$ 为低电平时，O0～O7 为正常逻辑状态，可用来驱动负载或总线；当 $\overline{OE}$ 为高电平时，O0～O7 呈高阻态，即不驱动总线，也不为总线的负载，但锁存器内部的逻辑操作不受影响。当锁存允许端 ALE 为高电平时，O 随数据 D 而变；当 ALE 为低电平时，O 被锁存在已建立的数据电平。

74LS373 引脚如图 4.2（a）所示，具体功能如下：

D0～D7——数据输入端；

$\overline{OE}$——输出允许控制端（低电平有效）；

ALE——锁存允许端（下跳变锁存）；

O0～O7——数据输出端。

4.2 存储器概述

4.2.1 存储器的分类

半导体存储器分为随机存储器（Random Access Memory，RAM）和只读存储器（Read Only Memory，ROM）两大类，前者主要用于存放暂存数据，后者主要用于存放程序及固定常数。

1. 随机存储器（RAM）

可将数据任意读出和写入，但内容是掉电丢失的。可分为双极型和 MOS 型两类，MOS 型又分为静态 RAM（SRAM）和动态 RAM（DRAM）。

2. 只读存储器（ROM）

程序或数据写入后只能读出不能写入，所存内容具有掉电保持性。可分为 ROM、PROM、EPROM、EEPROM 及 Flash Memory。

3. 存储器的容量表达

存储器的容量表达一般由两部分组成，即"存储单元数"和"每个单元的二进制位数"，其具体表达形式：存储容量 = 存储单元数 × 每个单元的二进制位数。

这种表达形式直接反映了存储器所需的系统地址线及数据线的条数，如：EPROM2732 的容量为 4KB×8 位。4KB 表示有 $4×1\,024 = 4\,096$（$2^2×2^{10} = 2^{12}$）个存储单元，8 位表示每个单元存储数据的宽度是 8 位。前者确定了地址线的位数是 12 位（A0～A11），后者确定了数据线的位数是 8 位（D0～D7）。

存储器的存储单位大多都是 8 位的，即 1 B（字节），常见的存储单位及其关系：$1\,GB = 1\,024\,MB = 1\,024×1\,024\,KB = 1\,024×1\,024×1\,024\,B$。

4.2.2 随机存储器

1. 静态 RAM

常用的静态 RAM 芯片见表 4.1。

表 4.1　常用的静态 RAM 芯片

型　号	6116（2 KB）	6264（8 KB）	62256（32 KB）
字节×位	2 048×8	8 192×8	32 768×8
存取时间/ns	200	200	150～200
类　型	CMOS 静态	CMOS 静态	CMOS 静态

静态 RAM 芯片 6116 及 6264 引脚排列如图 4.3 所示。6264 是 8 KB×8 位的静态 RAM，它采用 CMOS 工艺制造，单一 +5 V 供电，额定功率 200 mW，典型读取时间 200 ns，封装形式为 DIP28。其中，A0～A12 为 13 根地址线；I/O0～I/O7 为 8 根数据线，双向；$\overline{CE1}$ 为片选线 1，低电平有效；CE2 为片选线 2，高电平有效；$\overline{OE}$ 为读允许输出信号线，低电平有效；$\overline{WE}$ 为允许输入信号线，低电平有效。

存储器型号的数字序列中，前两位表示了型号，如 61 或 62 表示为静态 RAM；其余位则代表了存储器容量，如 16 表示有 16 千位，而一个存储单元通常为 8 位，故有 2 000 个单元。

6116 是 2 KB×8 位的静态 RAM，片选线只有一个 $\overline{CE}$ 引脚。其他功能同 6264。

2. 动态 RAM

近年来出现了一种新型的集成动态 RAM（iRAM），它将一个完整的动态 RAM 系统，包括动态刷新硬件逻辑集成到一个芯片中，从而兼有静态 RAM、动态 RAM 的优点。Intel 公司提供的 iRAM 芯片有 2186、2187 等，其引脚排列如图 4.4 所示。

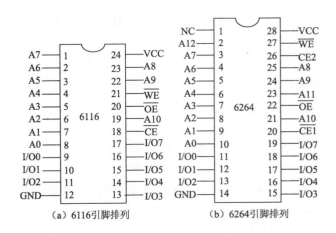

（a）6116引脚排列　　　　（b）6264引脚排列

图 4.3　6116 及 6264 引脚排列　　　　图 4.4　iRAM 2186、2187 引脚排列

3. 数据存储器一般的扩展方法

8051 单片机扩展的外部数据存储器读/写数据时，主要考虑如何将所用的信号 ALE、$\overline{WR}$、$\overline{RD}$ 及地址线与数据存储器的连接问题。在扩展一片外 RAM 时，应将 $\overline{WR}$ 引脚与 RAM 芯片的 $\overline{WE}$ 引脚连接，$\overline{RD}$ 引脚与芯片 $\overline{OE}$ 引脚连接。ALE 信号的作用与外扩程序存储器的作用相同，即锁存低 8 位地址。图 4.5 所示为用 6116 芯片扩展 2 KB 数据存储器电路。图中 6116 芯片的 8 位数据线接 8051 单片机的 P0 口，图中 6116 芯片的 A0～A10 接 8051 单片机扩展的地址线 A0～A10。图中 6116 芯片的片选信号 $\overline{CE}$ 接地。数据存储器的地址可以为 0000H～07FFH，也可以是 0800H～0FFFH 等多块空间。如果系统中有多片 6116 芯片，则各个芯片的片选信号须接译码器的输出端。

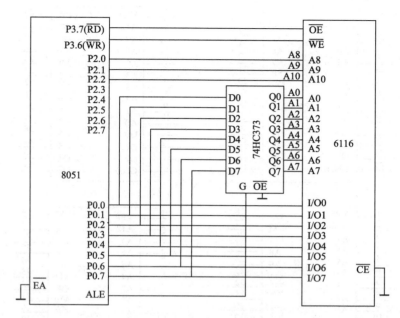

图 4.5 用 6116 芯片扩展 2KB 数据存储器电路

4.2.3 只读存储器

1. 常用程序存储器 ROM

扩展程序存储器常用的芯片是 EPROM（Erasable Programmable Read Only Memory）型（紫外线可擦除型），如 2716（2 KB×8 位）、2732（4 KB×8 位）、2764（8 KB×8 位）、27128（16 KB×8 位）、27256（32 KB×8 位）、27512（64 KB×8 位）等。另外，还有 +5 V电可擦除型 EEPROM，如 2816（2 KB×8 位）、2864（8 KB×8 位）等。如果程序总量不超过 4 KB，一般选用具有内部 ROM 的单片机。8051 单片机内部 ROM 只能由厂家将程序一次性固化，不适合小批量用户和程序调试时使用，因此选用 8751、8951 的用户较多，如图 4.6 所示。

2. 典型 ROM 的操作时序

（1）EPROM 2764 简介。EPROM 2764 是一种典型的紫外线可擦除 ROM。该芯片为双列直插式 28 引脚的标准芯片，容量为 8 KB×8 位。在 8051 单片机中常用于扩展程序存储器。EPROM 2764 的引脚如图 4.7 所示。其引脚功能如下：

A0 ~ A12——13 位地址线，地址线的引脚数目由芯片的存储容量决定。

Q0 ~ Q7——8 位数据引脚。

$\overline{CE}$——片选信号，低电平有效。

$\overline{OE}$——输出允许信号，当 $\overline{CE}$ 有效时，输出缓冲器打开，被寻址单元的内容才能被读出。

$\overline{P}$——编程允许信号，低电平有效。

VPP——编程电源。当芯片编程时，该端加上编程电压（+25 V 或 +12 V）；正常使用时，该端加 +5 V 电压。

（2）程序存储器的操作时序：

以下为图4.6中的EPROM引脚排列图（四个芯片：2716、2764、27128、27256）。

2716 芯片引脚：

引脚	左侧	右侧	引脚
1	A7	VCC	24
2	A6	A8	23
3	A5	A9	22
4	A4	VPP	21
5	A3	$\overline{OE}$	20
6	A2	A10	19
7	A1	$\overline{CE}$/PGM	18
8	A0	O7	17
9	O0	O6	16
10	O1	O5	15
11	O2	O4	14
12	GND	O3	13

2764 芯片引脚：

引脚	左侧	右侧	引脚
1	VPP	VCC	28
2	A12	$\overline{PGM}$	27
3	A7	NC	26
4	A6	A8	25
5	A5	A9	24
6	A4	A11	23
7	A3	$\overline{OE}$	22
8	A2	A10	21
9	A1	$\overline{CE}$	20
10	A0	O7	19
11	O0	O6	18
12	O1	O5	17
13	O2	O4	16
14	GND	O3	15

27128 芯片引脚：

引脚	左侧	右侧	引脚
1	VPP	VCC	28
2	A12	$\overline{PGM}$	27
3	A7	A13	26
4	A6	A8	25
5	A5	A9	24
6	A4	A11	23
7	A3	$\overline{OE}$	22
8	A1	A10	21
9	A1	$\overline{CE}$	20
10	A0	O7	19
11	O0	O6	18
12	O1	O5	17
13	O2	O4	16
14	GND	O3	15

27256 芯片引脚：

引脚	左侧	右侧	引脚
1	VPP	VCC	28
2	A12	A14	27
3	A7	A13	26
4	A6	A8	25
5	A5	A9	24
6	A4	A11	23
7	A3	$\overline{OE}$	22
8	A2	A10	21
9	A1	$\overline{CE}$	20
10	A0	O7	19
11	O0	O6	18
12	O1	O5	17
13	O2	O4	16
14	GND	O3	15

图 4.6　常见的 EPROM 引脚排列

① 访问程序存储器的控制信号。8051 单片机访问程序存储器时所用的控制信号如下所述：

a. ALE——用于低 8 位地址锁存控制信号。

b. $\overline{PSEN}$——片外程序存储器选通控制信号。$\overline{PSEN}$ 常直接连 EPROM 的 $\overline{OE}$ 引脚。

c. $\overline{EA}$——片内、片外程序存储器访问的控制信号。当 $\overline{EA}$ =1 时，访问片内程序存储器；当 $\overline{EA}$ =0 时，访问片外程序存储器。

如果指令从片外 EPROM 中读取时，除了 ALE 用于低 8 位地址锁存信号外，$\overline{PSEN}$ 须用于控制 EPROM 的 $\overline{OE}$ 数据输出允许信号。此外，还要用 P0 口分时用作低 8 位地址总线和数据总线。P2 口用作高 8 位地址总线。

② 操作时序。在单片机的 1 个机器周期中，包含 12 个时钟周期，其中每两个时钟周期构成 1 个状态周期，因此 1 个机器周期又分成 6 个状态周期，分别记为 S1 ~ S6，每个状态周期的 2 个时钟周期又称两拍，分别记为 P1 和 P2。

图 4.8 为 8051 程序存储器操作时序图。在 S1 状态周期的 P1 状态开始，控制信号 ALE 上升为高电平后，P0 口输出低 8 位地址，P2 口输出高 8 位地址。在 S2 状态周期的 P1 状态开始，ALE 的下降沿将 P0 口输出的低 8 位地址锁存到外部地址锁存器中。在 S2 状态周期的

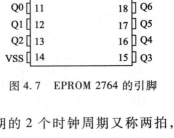

图 4.7　EPROM 2764 的引脚

P2 状态开始，P0 口由输出方式变为输入方式，等待从程序存储器读出指令。而此时 P2 口输出的高 8 位地址信息不变。在 PSEN 锁存器输出的地址对应单元指令字节传送到 P0 口上供 CPU 读取。从图 4.8 中还可以看出，8051 的 CPU 在访问外部程序存储器的一个机器周期内，ALE 信号出现 2 个正脉冲，PSEN 信号出现 2 个负脉冲，说明在 1 个机器周期内 CPU 访问外部程序存储器 2 次。

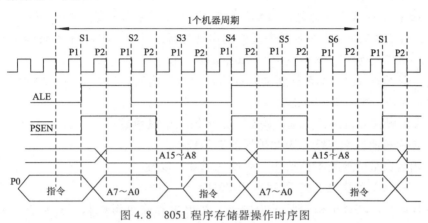

图 4.8　8051 程序存储器操作时序图

4.3　存储器扩展的基本方法

4.3.1　存储器扩展需要解决的基本问题

1. 扩展容量

8051 单片机共有 16 根地址线，最大可扩展到 64KB（即 2^{16}）个地址空间，地址总空间为 0x0000 ~ 0xFFFF。

2. 地址分配

当 8051 单片机扩展多个存储器芯片时，每个芯片所占的系统地址空间一定要交代清楚，否则在编程寻址时，就无法找到所扩展的存储空间。

3. 片外程序存储器和片外数据存储器的区分

硬件上，控制信号不一样：片外程序存储器是由 PSEN（取指）信号控制的；片外数据存储器是由 RD 或 WR 信号控制的。

软件上，寻址指令不同，虽然说它们的地址都是 0x0000H ~ 0xFFFF，但不会发生冲突。

4.3.2　单片机存储器的片选技术

8051 单片机的数据存储器与程序存储器的地址空间是互相独立的，其片外数据存储器的空间可达 64 KB，而片内的数据存储器空间只有 128 B。当片内的数据存储器不够用时，则需进行数据存储器的扩展。MCS-51 系列单片机具有 64 KB 的外部程序存储器空间，其中 8051、8751 单片机含有 4 KB 的片内程序存储器，而 8031 单片机则无片内程序存储器。当采用 8051、8751 单片机的用户程序超过 4 KB，或采用 8031 单片机时，就需要进行程序存储器的扩展。本节将介绍这两种存储器的扩展技术。

在单片机系统中，对存储器的扩展常见的方法通常有两种：线选法、译码法。

1. 线选法

所谓线选法，就是直接利用系统的地址线作为存储器芯片的片选信号。线选法用低位地址线对片内的存储单元进行寻址，所需的地址线由片内地址线决定，用余下的高位地址线分别接至不同芯片的片选端，以区分各芯片的地址范围。例如，要利用 8 KB 容量存储器芯片来扩展一个 16 位地址线组成的外部 RAM 系统，其地址线和线选线分别如下：

地址线：对于所有 8 KB 的芯片来说，其内部地址线为 2^{13} 即 13 根地址线，需要用系统地址线的 A0 ~ A12 分别接至 8 片芯片的 A0 ~ A12 引脚。

线选线：余下的 A13 ~ A15 分别接至每片芯片的片选端。只要 A13 ~ A15 同时只有一个低电平，就可保证一次只选一片芯片。

用线选法扩展存储器的特点是电路简单。但缺点也很明显：

（1）各芯片间地址不连续。因此扩展的空间较小。

（2）有相当数量的地址不能使用，否则造成片选混乱。

例 4.1　在 8051 单片机上扩展 2KB EEPROM。

（1）选择芯片。2816A 和 2817A 均属于 5 V 电可擦除可编程只读存储器，其容量都是 2 KB × 8 位。2816A 与 2817A 的不同之处在于：2816A 的写入时间为 9 ~ 15 ms，完全由软件延时控制，与硬件电路无关；2817A 利用硬件引脚 RDY/$\overline{\text{BUSY}}$ 来检测写操作是否完成。在此，选用 2817A 芯片来完成 2KB EEPROM 的扩展，2817A 的封装是 DIP28，采用单一 +5 V 电源供电，最大工作电流为 150 mA，维持电流为 55 mA，读出时间最大为 250 ns。片内设有编程所需的高压脉冲产生电路，无须外加编程电源和写入脉冲即可工作。

（2）硬件电路图。8051 单片机扩展 2 KB EEPROM 的硬件电路图如图 4.9 所示。

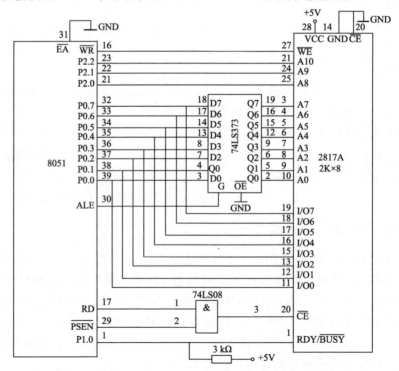

图 4.9　8051 单片机扩展 2 KB EEPROM 的硬件电路图

2. 译码法

所谓译码法就是使用译码器的输出作为存储器芯片的片选信号。常用的译码器有 74LS138、74LS139、74LS154 等。

译码法将系统低位地址总线直接连至各芯片的地址线，将系统高位地址总线经地址译码器译码后作为各芯片的片选信号。一般使用 2 线-4 线译码器、3 线-8 线译码器。

例4.2 扩展 8 KB RAM，地址范围是 2000H ~ 3FFFH，并且具有唯一性；其余地址均作为外部 I/O 扩展地址。

（1）芯片选择：

① 静态 RAM 芯片 6264。6264 是 8 KB×8 位的静态 RAM，它采用 CMOS 工艺制造，单一 +5 V 供电，额定功率 200 mW，典型读取时间 200 ns，封装形式为 DIP28。其中，A0 ~ A12 为 13 根地址线；I/O0 ~ I/O7 为 8 根数据线，双向；$\overline{CE1}$ 为片选线 1，低电平有效；CE2 为片选线 2，高电平有效；$\overline{OE}$ 为读允许信号线，低电平有效；$\overline{WR}$ 为写信号线，低电平有效。

② 3 线-8 线译码器 74LS138。题目要求扩展 RAM 的地址（2000H ~ 3FFFH）范围是唯一的，其余地址用于外部 I/O 接口。由于外部 I/O 占用外部 RAM 的地址范围，操作指令都是 MOVX 指令，因此，I/O 接口和 RAM 同时扩展时必须进行存储器空间的合理分配。

这里采用全译码方式，6264 的存储容量是 8 KB×8 位，占用了单片机的 13 根地址线 A0 ~ A12，剩余的 3 根地址线 A13 ~ A15 通过 74LS138 来进行全译码。

（2）硬件连线。用单片机扩展 8 KB SRAM 的硬件连线图如图 4.10 所示。

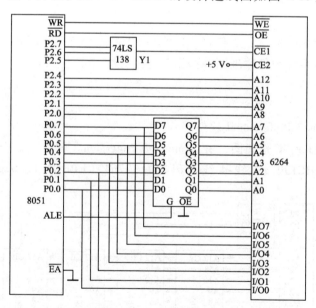

图 4.10　单片机扩展 8 KB SRAM 的硬件连线图

单片机的高 3 位地址线 A13 ~ A15 用来进行 3 线-8 线译码，译码输出端接 6264 的片选线；剩余的译码输出用于选通其他的 I/O 扩展接口。

6264 的片选线 CE2 直接接 +5 V 高电平；

6264 的输出允许信号接单片机的 $\overline{RD}$，写允许信号接单片机的 $\overline{WR}$。

（3）6264 的地址范围。根据片选线及地址线的连接，6264 的地址范围确定如下：

8031:	A15	A14	A13	A12	A11	A10	A9	A8	A7	A6	A5	A4	A3	A2	A1	A0
6264:				A12	A11	A10	A9	A8	A7	A6	A5	A4	A3	A2	A1	A0
	0	0	1	0	0	0	0	0	0	0	0	0	0	0	0	0
	0	0	1	0	0	0	0	0	0	0	0	0	0	0	0	1
	0	0	1	0	0	0	0	0	0	0	0	0	0	0	1	0

...

| | 0 | 0 | 1 | 1 | 1 | 1 | 1 | 1 | 1 | 1 | 1 | 1 | 1 | 1 | 1 | 1 |

因此，6264 的地址范围为 2000H ~ 3FFFH。

4.4 技能实训

扫一扫

实训 5

【实训 5】 单片机存储器的综合扩展

实训目的

(1) 通过单片机存储器扩展实训，学习存储器扩展方法和存储器读/写。

(2) 了解 SRAM 及 EPROM 芯片的特性及用法。

实训内容

利用 6264 及 2764 扩展一个含有 16 KB 外部 RAM 及 16 KB 外部 ROM 的电路图，采用译码法进行片选，画出系统硬件原理图并指出其地址分配。

实训步骤

(1) 启动 Proteus 7 Professional 软件。

(2) 参照图 4.11 所示原理图，在 Proteus 7 Professional 软件中，分别从器件库中调出 8051（单片机）、74HC139（2 线-4 线译码器）、2764（EPROM）、6264（静态 RAM）及 74HC373 等元件。

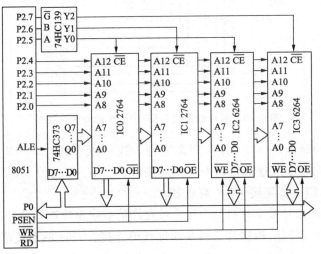

图 4.11 扩展系统原理图

（3）放置元器件、电源和地，按参考电路图所示连线，没有连线的引脚用网络标号代替。

（4）设置元器件属性并进行电气检测。先右击，再单击各元器件，按参考电路图所示，设置元器件的属性值。执行 Tools→Electrical Rules Check 命令，完成电气检测。

（5）确定各芯片的地址分配空间。

分析与思考

（1）图 4.11 中有一片 2764 与一片 6264 共用了一个片选信号，会不会造成这两个芯片间的地址冲突？为什么？

（2）试采用线选法对上述系统进行扩展，并比较线选法与译码法的各自特点。

【实训 6】 I2 总线串行 EEPROM 24C02 实训

实训目的

（1）熟悉 24C02 的原理，掌握串行 EEPROM 的工作原理。

（2）学会使用 24C02 进行单字节数据读/写和连续数据块读/写。

实训内容

（1）使用 24C02 进行数据读/写，并检验写入数据是否正确。

（2）24C02 存储数码管显示。

实训步骤

（1）24C02 工作电路原理图如图 4.12 所示。

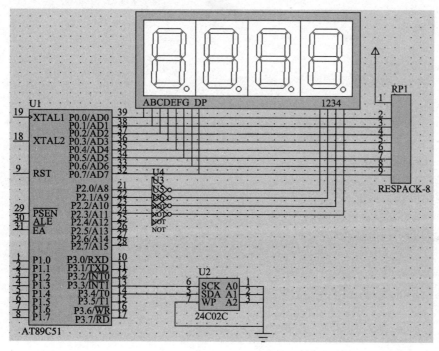

图 4.12　24C02 工作电路原理图

（2）参考程序，具体如下：

```c
#include < reg51. h >
sbit sda = P3^4 ;
sbit scl = P3^3 ;
char code table[ ] = {0xc0,0xf9,0xa4,0xb0,0x99,0x92,0x82,0xf8,0x80,0x90,0x88,
0x83,0x39,0x5e,0x79,0x71};
void delaym(int x)
{
    int y;
    for(x;x >0;x - -)
    for(y =110;y >0;y - -);
}
void start()
{
    sda =1;
    scl =1;
    sda =0;
    scl =0;
}
void stop()
{
    scl =0;
    sda =0;
    scl =1;
    sda =1;
    scl =0;
}
bit testack()
{
    bit errorbit;
    sda =1;
    scl =1;
    errorbit = sda;
    scl =0;
    return(errorbit);
}
void writebyte(char input)
{
    char i;
    for(i =8;i >0;i - -)
    {   sda = (bit)(input&0x80);
        scl =1;
```

```c
        scl = 0;
        input = input < <1;
    }
}
char readbyte()
{
    char i,k;
    for(i = 8;i > 0;i - -)
    {
        scl = 1;
        k = (k < <1) |sda;
        scl = 0;
    }
    return(k);
}
void writeadd(char address,char date)
{
    start();
    writebyte(0xa0);
    testack();
    writebyte(address);
    testack();
    writebyte(date);
    testack();
    stop();
    delaym(10);
}
char readadd(char address)
{
    char ch;
    start();
    writebyte(0xa0);
    testack();
    writebyte(address);
    testack();
    start();
    writebyte(0xa1);
    testack();
    ch = readbyte();
    stop();
    return(ch);
}
```

```
void main()
{
    char k = 0;
    k = readadd(20);
    P2 = 0xfe;
    P0 = table[k];
    k + +;
    if(k > =10)k =0;
    writeadd(20,k);
    while(1);
}
```

**实训 6
Keil**

（3）用 Keil 软件完成如下操作：

① 利用 Keil 软件新建工程，再新建文件并另存为 C 格式（.c），并将其加载到当前工程中，最后输入上述 C 语言程序。

② 参照实训 4 编译生成 8051 单片机所需要的 HEX 文件。

（4）用 Proteus 7 Professional 软件完成如下操作：

① 从 Proteus 7 Professional 元件库中选取元器件。AT89C51（单片机）、7SEG-MPX4-CA（4 位共阳极数码管）、RESPACK-8（电阻元件）、NOT（非门）、24C02C（串行 EEPROM）。

② 放置元器件、电源和地，按参考电路图所示连线，没有连线的引脚用网络标号代替。

**实训 6
Proteus**

③ 设置元器件属性并进行电气检测。先右击，再单击各元器件，按参考电路图所示，设置元器件的属性值。执行 Tools→Electrical Rules Check，完成电气检测。

④ 加载目标代码文件。双击单片机 AT89C51，弹出编辑元件属性对话框，参照实训 3 的步骤（5）加载目标程序，即找到并选中前面用 Keil 软件编译生成的 HEX 文件，单击 Open 按钮，完成添加；注意将 Clock Frequency 栏中的频率设为 12 MHz。

⑤ 多次连续启动及停止运行仿真电路，观察并记录每次运行时数码管的变化规律。

分析与思考

观察数码管随运行次数不同的变化规律，并分析为什么会有这种现象？

习　题

一、选择题

1. 6264 芯片是（　　）。

　　A. EEPROM　　　　B. RAM　　　　　C. Flash ROM　　　D. EPROM

2. 当 8051 外扩程序存储器为 8 KB 时，需要使用 EPROM 2716（　　）。

　　A. 2 片　　　　　B. 3 片　　　　　C. 4 片　　　　　D. 5 片

3. 某存储器芯片是 8 KB×4 位/片，那么它的地址线根数是（　　）。

　　A. 11 根　　　　B. 12 根　　　　C. 13 根　　　　D. 14 根

4. 8051 单片机外扩 ROM，RAM 和 I/O 端口时，它的数据总线是（　　）。

　A. P0　　　　　　　　B. P1　　　　　　　　C. P2　　　　　　　　D. P3

二、判断题

1. 8051 单片机外扩 I/O 接口与外 RAM 是统一编址的。　　　　　　　　　　（　　）

2. 使用 8051 且 $\overline{EA}$ =1 时，仍可外扩 64 KB 的程序存储器。　　　　　　（　　）

3. 片内 RAM 与外围设备统一编址时，需要专门的 I/O 指令。　　　　　　（　　）

4. 8031 片内有程序存储器和数据存储器。　　　　　　　　　　　　　　　（　　）

5. EPROM 的地址线为 11 根时，能访问的存储空间有 4 KB。　　　　　　（　　）

6. 单片机应用系统中，外围设备与外部数据存储器传送数据时，使用 MOV 指令。

　　　　　　　　　　　　　　　　　　　　　　　　　　　　　　　　（　　）

三、简答题

1. 8051 的扩展存储器系统中，为什么 P0 口要接 1 个 8 位锁存器，而 P2 口却不接？

2. 在 8051 扩展存储器系统中，外部程序存储器和数据存储器共用 16 位地址线和 8 位数据线，为什么两个存储空间不会发生冲突？

3. 8051 单片机需要外接程序存储器，实际上它还剩下多少根 I/O 线可以使用？当使用外部存储器时，还剩下多少根 I/O 线可以使用？

4. 试将 8051 单片机外接 1 片 2716 EPROM 和 1 片 6116 RAM 组成一个应用系统，请画出硬件接线图，并指出扩展存储器的地址范围。

5. 要求将存放在 8051 单片机内部 RAM 中 30H～33H 单元的 4 字节数据，按十六进制（8 位）从左到右显示，试编制程序。

第 5 章 中断技术

学习目标：

本章主要介绍了 8051 单片机中断系统的工作原理及具体应用，学生通过学习，了解中断技术在计算机控制系统中所占的优势，掌握单片机对中断系统编程的基本规则及应用，并能够通过中断技术实现具体控制功能。

知识点：

（1）中断响应的基本概念及工作过程；

（2）8051 单片机中断系统的工作原理及应用；

（3）与中断有关的特殊功能寄存器；

（4）中断服务程序的入口地址、初始化程序、中断优先级等。

5.1 中 断 概 述

5.1.1 中断的概念

在单片机测控系统中，外围设备何时向单片机发请求信号，CPU 预先是不知道的，如果采用查询方式必将大大降低 CPU 的工作效率，为了解决快速的 CPU 与慢速的外围设备间的矛盾，采用了中断技术，中断技术已成为计算机系统中的重要技术，良好的中断系统能提高计算机实时处理的能力，实现 CPU 与外围设备分时操作和自动故障处理。

中断（中间打断，interrupt）是通过硬件来改变 CPU 的程序运行方向（改变 PC 值）的。计算机在执行程序的过程中，当出现其他紧急情况需要 CPU 及时处理时，由该对象向 CPU 发出中断请求信号，要求 CPU 暂时中断当前程序的执行而转去执行相应的处理程序，CPU 进行中断响应后，转去处理中断处理程序，待执行完毕，再返回断点继续执行原来被中断的程序。这种程序在执行过程中由于外界的原因而被中间打断的情况称为中断。中断响应过程如图 5.1 所示。

"中断"之后所执行的相应的处理程序通常称为中断服务或中断处理子程序，原来正常运行的程序称为主程序。主程序被断开的位置（或地址——PC 的当前值）称为断点。

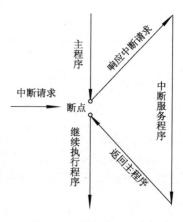

图 5.1 中断响应过程

引起中断的原因，或能发出中断申请的来源，称为中断源。中断源要求服务的请求称为中断请求（或中断申请）。CPU 同意处理该请求称为中断响应，能够实现中断处理功能的部件称为中断系统。

8051 单片机共有 5 个中断源。当 CPU 暂时终止正在执行的程序，转去执行中断服务子程序时，除了硬件自动把断点地址（16 位程序计数器的当前值）压入堆栈之外，用户应注意保护有关的工作寄存器、累加器、标志位等信息，这称为保护现场；在完成中断服务程序后，中断返回前，恢复有关的工作寄存器、累加器、标志位的内容，称为恢复现场；最后执行中断返回指令（汇编：RETI），从堆栈中自动弹出断点地址给程序计数器，从而可继续执行被中断的主程序，称为中断返回。

调用中断服务程序的过程类似于调用子程序，其区别在于调用子程序在程序中是事先安排好的，而何时调用中断服务程序事先却无法确定，因为"中断"的发生是由外部因素决定的，程序中无法事先安排调用指令，因此，调用中断服务程序的过程是由硬件自动完成的。

5.1.2 中断的功能及特性

1. 中断的功能

（1）分时操作。中断可以解决快速的 CPU 与慢速的外围设备之间的矛盾，使 CPU 和外围设备实现同步。采用中断技术控制外围设备的计算机，当 CPU 执行主程序的同时，外围设备也在工作。每当外围设备做完一件事就会向 CPU 发中断申请，请求 CPU 中断其正在执行的程序，转去执行处理外围设备要求的中断服务程序（一般情况是处理输入/输出数据），待中断处理完之后，再恢复执行主程序，外围设备也可以继续工作。这样，CPU 可启动多个外围设备并行工作，从而提高了运行效率。

（2）实时处理。在实时控制系统中，现场的各种参数、信息均随时间和现场而变化。这些外界变量可根据要求随时向 CPU 发出中断申请，请求 CPU 及时处理中断请求。如中断条件满足，CPU 立刻就会响应，进行相应的处理，从而实现实时处理。

（3）故障处理。针对难以预料的情况或故障，如掉电、存储出错、运算溢出等，可通过中断系统由故障源向 CPU 发出中断请求，再由 CPU 转到相应的故障处理程序进行处理。

2. 中断的特性

（1）紧急性：中断程序比当前正在处理的任务有更高的优先级。

（2）随机性：中断程序执行与否、何时执行、执行几次都是事先未知的。

（3）后台性：在主程序中是看不见中断程序的影子的，只有中断发生时才执行中断程序。

（4）高效性：有中断才执行，无中断不执行。

5.1.3 计算机的中断源

通常，计算机的中断源有如下几种：

（1）一般的输入/输出设备。如键盘、打印机等，它们通过接口电路向 CPU 发出中断请求。

（2）实时时钟及外界计数信号。如定时时间或计数次数一到，在中断允许时，由硬件向 CPU 发出中断请求。

（3）故障源。当采样或运算结果溢出或系统掉电时，可通过报警、掉电等信号向 CPU 发出中断请求。

（4）为调试程序而设置的中断源。调试程序时，为检查中间结果或寻找问题所在，往往要求设置断点或进行单步工作（一次执行一条指令），这些人为设置的中断源的申请与响应均由中断系统来实现。

5.2　8051 单片机的中断系统

5.2.1　8051 单片机的中断系统的结构

中断过程是在硬件基础上再配以相应的软件而实现的，不同的计算机，其硬件结构和软件指令是不完全相同的，因此，中断系统也是不相同的。8051 单片机的中断系统有 5 个中断源，每个中断源具有 2 个中断优先级，分别为高优先级和低优先级，可实现 2 级中断服务程序嵌套。中断系统内部结构示意图如图 5.2 所示。

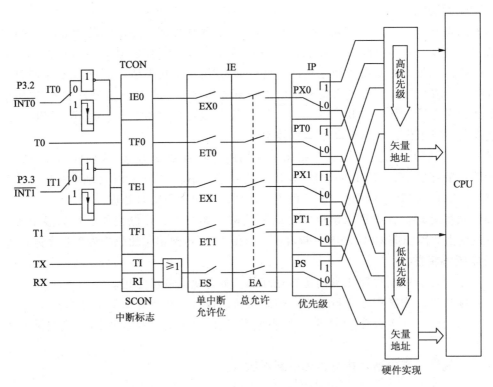

图 5.2　中断系统内部结构示意图

在图 5.2 中，与中断有关的寄存器有 4 个，分别为定时控制寄存器 TCON、串行控制寄存器 SCON、中断允许控制寄存器 IE 和中断优先级控制寄存器 IP。中断源有 5 个，分别为外部中断请求 $\overline{\text{INT0}}$、外部中断请求 $\overline{\text{INT1}}$、定时/计数器 T0 溢出中断请求 T0、定时/计数器 T1 溢出中断请求 T1 和串行中断请求 RI 或 TI。5 个中断源的排列顺序由中断优先级控制寄存器 IP 和顺序查询逻辑电路共同决定。

5.2.2　中断源和中断控制

1. 8051 单片机中断源的功能

8051 单片机的 5 个中断源具体功能分别如下：

（1）$\overline{INT0}$：外部中断请求，由 P3.2 引脚输入。通过 IT0 引脚（TCON.0）来决定是低电平有效还是下跳变有效。一旦输入信号有效，就向 CPU 申请中断，并建立 IE0 标志。

（2）$\overline{INT1}$：外部中断 $\overline{INT1}$ 请求，由 P3.3 引脚输入。通过 IT1 引脚（TCON.2）来决定是低电平有效还是下跳变有效。一旦输入信号有效，就向 CPU 申请中断，并建立 IE1 标志。

（3）TF0：定时/计数器 T0 溢出中断请求。当定时/计数器 T0 产生溢出时，定时/计数器 T0 中断请求标志位（TCON.5）置位（由硬件自动执行），请求中断处理。

（4）TF1：定时/计数器 T1 溢出中断请求。当定时/计数器 T1 产生溢出时，定时/计数器 T1 中断请求标志位（TCON.7）置位（由硬件自动执行），请求中断处理。

（5）RI 或 TI：串行中断请求。当接收或发送完一串行帧时，内部串行端口中断请求标志位 RI（SCON.0）或 TI（SCON.1）置位（由硬件自动执行），请求中断处理。

中断源所对应的中断入口地址。8051 单片机的 5 个中断源，其入口地址是固定的，在 C51 中，中断地址是以向量号的形式表示的，8051 单片机中断源及中断向量号见表 5.1。

表 5.1　8051 单片机中断源及中断向量号

中　断　源	中断向量号
外部中断 0（$\overline{INT0}$）	0
定时/计数器 T0 中断	1
外部中断 1（$\overline{INT1}$）	2
定时/计数器 T1 中断	3
串行接口中断	4

2. 中断控制的相关寄存器

（1）定时控制寄存器 TCON 各位的功能见表 5.2。

表 5.2　TCON(88H)各位的功能

位序	D7	D6	D5	D4	D3	D2	D1	D0
位名称	TF1	TR1	TF0	TR0	IE1	IT1	IE0	IT0

TCON 为定时/计数器 T0 和定时/计数器 T1 的控制寄存器，同时也锁存定时/计数器 T0 和定时/计数器 T1 的溢出中断标志及外部中断 INT0 和 INT1 的中断标志等。与中断有关的位如下：

① TF1（TCON.7）：定时/计数器 T1 的溢出中断标志。T1 被启动计数后，从初值做加 1 计数，计满溢出后由硬件置位 TF1，同时向 CPU 发出中断请求，此标志一直保持到 CPU 响应中断后才由硬件自动清 0。也可由软件查询该标志，并由软件清 0。

② TF0（TCON.5）：定时/计数器 T0 的溢出中断标志。其功能与 TF1 相同。

③ IE1（TCON.3）：外部中断的中断标志。IE1 = 1 时，外部中断 1 向 CPU 申请中断，此标志一直保持到 CPU 响应中断后才由硬件自动清 0。

④ IT1（TCON.2）：外部中断的中断触发方式控制位。当 IT1 = 0 时，外部中断 1 控制为低电平触发方式；当 IT1 = 1 时，外部中断 1 控制为下跳变触发方式，这也是通常所选用的方式。

⑤IE0（TCON.1）：外部中断的中断标志。其操作功能与 IE1 相同。

⑥ IT0（TCON.0）：外部中断的中断触发方式控制位。其操作功能与 IT1 相同。

（2）串行控制寄存器 SCON 各位的功能见表 5.3。

表 5.3　SCON(98H)各位的功能

位序	D7	D6	D5	D4	D3	D2	D1	D0
位名称	—	—	—	—	—	—	TI	RI

SCON 是串行控制寄存器，其低两位 TI 和 RI 锁存串行端口发送的中断标志和接收中断标志。

① TI（SCON.1）：串行发送中断标志。CPU 将数据写入发送缓冲器 SBUF 时，就启动发送，每发送完一个串行帧，硬件将使 TI 置位。但 CPU 响应中断时并不清除 TI，必须由用户在中断程序中清除。

② RI（SCON.0）：串行接收中断标志。在串行端口允许接收时，每接收完一个串行帧，硬件将使 RI 置位。同样，CPU 在响应中断时不会清除 RI，必须由用户通过软件清除。

8051 单片机系统复位后，TCON 和 SCON 均清 0，应用时要注意各位的初始状态。

（3）中断允许寄存器 IE 各位的功能见表 5.4。

表 5.4　IE(A8H)各位的功能

位序	D7	D6	D5	D4	D3	D2	D1	D0
位名称	EA	—	—	ES	ET1	EX1	ET0	EX0

计算机中断系统有两种不同类型的中断：一类称为非屏蔽中断，另一类称为可屏蔽中断。对非屏蔽中断，用户不能用软件的方法加以禁止，一旦有中断申请，CPU 必须予以响应；对可屏蔽中断，用户可以通过软件方法来控制是否允许某中断源的中断，允许中断称中断开放，不允许中断称中断屏蔽。8051 单片机的 5 个中断源都是可屏蔽中断，其中断系统内部设有一个专用寄存器 IE，用于控制 CPU 对各中断源的开放或屏蔽。IE 寄存器各位定义如下：

① EA（IE.7）：总中断允许控制位。EA = 1 时，开关闭合，开放所有中断；EA = 0 时，开关断开，禁止所有中断。

② ES（IE.4）：串行端口中断允许位。ES = 1 时，允许串行端口中断；ES = 0 时，禁止串行端口中断。

③ ET1（IE.3）：定时/计数器 T1 中断允许位。ET1 = 1 时，允许定时/计数器 T1 中断；ET1 = 0 时，禁止定时/计数器 T1 中断。

④ EX1（IE.2）：外部中断 1 中断允许位。EX1 = 1 时，允许中断；EX1 = 0 时，禁止中断。

⑤ ET0（IE.1）：定时/计数器 T0 中断允许位。ET0 = 1 时，允许定时/计数器 T0 中断；ET0 = 0 时，禁止定时/计数器 T0 中断。

⑥ EX0（IE.0）：外部中断 0 中断允许位。EX0 = 1 时，允许中断；EX0 = 0 时，禁止中断。

8051 单片机系统复位后，IE 中各中断允许位均被清 0，即禁止所有中断。

若要使用中断，必须先通过 IE 开中断。

（4）中断优先级寄存器 IP 各位的功能见表 5.5。

表 5.5　IP（B8H）各位的功能

位序	D7	D6	D5	D4	D3	D2	D1	D0
位名称	—	—	—	PS	PT1	PX1	PT0	PX0

8051 单片机有两个中断优先级，每个中断源都可以通过编程确定为高优先级中断或低优先级。专用寄存器 IP 为中断优先级寄存器，其中的每一位均可由软件来置 1 或清 0，且 1 表示高优先级，0 表示低优先级。其各位定义如下：

① PS（IP.4）：串行接口中断优先控制位。PS = 1 时，设定串行接口为高优先级中断；PS = 0 时，设定串行接口为低优先级中断。

② PT1（IP.3）：定时/计数器 T1 中断优先控制位。PT1 = 1 时，设定定时/计数器 T1 中断为高优先级中断；PT1 = 0 时，设定定时/计数器 T1 中断为低优先级中断。

③ PX1（IP.2）：外部中断 1 中断优先控制位。PX1 = 1 时，设定外部中断 1 为高优先级中断；PX1 = 0 时，设定外部中断 1 为低优先级中断。

④ PT0（IP.1）：定时/计数器 T0 中断优先控制位。PT0 = 1 时，设定定时/计数器 T0 中断为高优先级中断；PT0 = 0 时，设定定时/计数器 T0 中断为低优先级中断。

⑤ PX0（IP.0）：外部中断 0 中断优先控制位。PX0 = 1 时，设定外部中断 0 为高优先级中断；PX0 = 0 时，设定外部中断 0 为低优先级中断。

当系统复位后，IP 寄存器低 5 位全部清 0，所有中断源均设定为低优先级中断。

如果几个同一优先级的中断源同时向 CPU 申请中断，CPU 通过内部硬件查询逻辑，按自然优先级顺序确定先响应哪个中断请求。任何一个处于"高"级别的中断源都优于其他处于"低"级别的中断源。

在同一优先级的中断源中，自然优先级由硬件形成排列如下：

5.2.3 中断处理过程

1. 中断响应综述

当 CPU 收到中断请求后，能根据具体情况决定是否响应中断，如果 CPU 没有更急、更重要的工作，则在执行完当前指令后响应这一中断请求。CPU 中断响应过程如下：首先，将断点处的 PC 值（即下一条应执行指令的地址）压入堆栈保留下来，这称为保护断点，由硬件自动执行，然后，将有关的寄存器内容和标志位状态压入堆栈保留下来，这称为保护现场，由用户自己编程完成。

2. 中断处理过程

中断处理过程可分为中断响应、中断处理和中断返回共 3 个阶段。

（1）中断响应：

① 中断响应条件。CPU 响应中断的条件有：

a. 有中断源发出中断请求。

b. 中断总允许位 $\overline{EA}$ =1。

c. 申请中断的中断源允许。

② 中断不响应的情况。若有下列一种情况存在，CPU 则不会响应中断：

a. CPU 正在响应同级或高优先级的中断。

b. 当前指令未执行完。

c. 正在执行 RETI 中断返回指令或访问专用寄存器 IE 和 IP 的指令。

（2）中断响应过程。中断响应过程包括保护断点和将程序转向中断服务程序的入口地址。首先，中断系统将通过硬件自动把断点地址（PC 当前值）压入堆栈保护（不保护累加器 A、状态寄存器 PSW 和其他寄存器的内容），然后，将对应的中断入口地址装入程序计数器（由硬件自动执行），使程序转向中断入口地址，执行中断服务程序。

（3）中断返回。中断服务程序执行完毕，由中断返回指令将断点的地址通过出栈操作恢复给程序计数器，使 CPU 自动返回至中断响应前的断点处，并从断点处往下执行中断响应前的原程序。

5.2.4 外部中断源的扩展

8051 单片机仅有 2 个外部中断请求，在实际应用中，若外部中断源数多于 2 个，则需扩充外部中断源，一般可采用中断和查询相结合的方法来解决外部多中断源的问题。

利用 2 根外部中断输入引脚，每一中断输入引脚可以通过"或"的关系连接多个外部中断源，同时，利用并行输入端口线作为多个中断源的识别线，如图 5.3 所示。

由图 5.3 可以看出，4 个外部扩展中断源通过或非门电路后再与 8051 单片机的 P3.2 引脚相连，同时再分别接至 P1 口的不同引脚以便进行查询。4 个外部扩展中断源 EXINT0 ~ EXINT3 中有一个或几个出现高电平则输出为 0，使 P3.2 引脚为低电平，从而发出中断请求，因此，这些扩充的外部中断源都是电平触发方式（高电平有效）。CPU 执行中断服务程序时，先依次查询 P1 口的中断源输入状态，然后，转入到相应的中断服务程序，4 个扩展中断源的优先级顺序由软件查询顺序决定，即最先查询的优先级最高，最后查询的优先级最低。

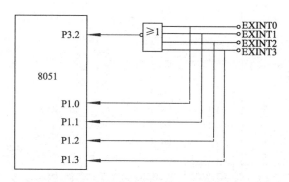

图 5.3 一个外中断扩展成多个外中断的原理图

中断服务程序如下：

```
unsigned extint0() interrupt 0;          外部中断 0 函数
    {
        if(P1^0 = =1){…};                中断源查询并转相应中断服务程序
        if(P1^1 = =1){…};
        if(P1^2 = =1){…};
        if(P1^3 = =1){…};
    …
    }
```

同样，外部中断 1 也可作相应的扩展。

5.3 技能实训

【实训 7】 多信号彩灯的中断实现

实训目的

（1）学习单片机中断系统的基本原理及应用。

（2）学会利用 C 语言实现中断的初始化及中断处理的编程方法。

实训内容

通过 P0.0～P0.7 控制发光二极管输出两种形式的彩灯控制信号，并利用外部中断 INT0
（P3.2），在两种状态之间切换。系统正常运行时，作一般灯轮流显示模式，而当 INT0
（P3.2）有外部中断信号申请时，进行另一种状态显示 3 轮，之后返回正常显示模式。

具体过程：主程序状态下，亮 1 个灯左移循环；中断程序时，每隔一定时间 8 个灯依次
亮起，再依次熄灭，循环 3 次后返回。

实训步骤

（1）多信号彩灯控制电路图如图 5.4 所示。

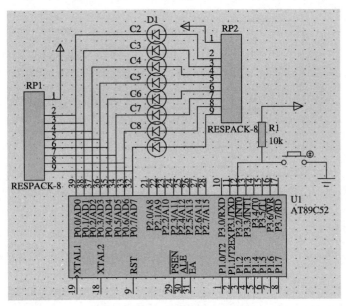

图 5.4　多信号彩灯控制电路图

（2）参考程序，具体如下：

```
#include < reg51. h >
#include < intrins. h >
void delayms(unsigned char ms)              //延时子程序
{
    unsigned char i;
    while(ms - -)
    {
        for(i = 0; i < 120; i + +);
    }
}
void exint0 ( )   interrupt 0               //中断向量号
{
    unsigned char a;
    int i,j;
    for(i = 0;i < 3;i + +)
    {
        a = 0x7f;//0111 1111
        for(j = 0;j < 8;j + +)
        {
            P0 = a;
            a = a > >1;
            a = a + 0x80;
            delayms(250);
        }
```

```
    }
}
main( )
{
    unsigned char LED;
    IT0 = 1;                          //边沿触发
    EA = 1;                           //开中断
    EX0 = 1;
    LED = 0xfe;                       //1111 1110
    P0 = LED;
    while(1)
    {
        delayms(250);
        LED = _crol_(LED,1);          //循环左移1位,点亮下一个 LED
        P0 = LED;
    }
}
```

（3）用 Keil 软件完成如下操作：

① 建立工程文件。执行 Project→New Project 命令，选择单片机型号为 89C51，保存到个人文件夹中。

② 建立源文件。执行 File→New 命令，输入源程序，以扩展名 ".c" 形式保存到个人文件夹。

③ 加载源文件。右击工程管理器中的 Target 1 文件夹下的 Source Group 1 文件夹后，在弹出的快捷菜单中选择 "增加文件到组 'Source Group 1'" 命令，加载保存到个人文件夹中的源文件。输入以上 C 语言主程序及中断程序。

④ 进行编译和连接。执行 Project→Build Target 命令，完成编译。并生成扩展名为 HEX 的目标文件。

（4）用 Proteus 7 Professional 软件完成如下操作：

① 从 Proteus 7 Professional 元件库中选取元器件。AT89C51（单片机）、RES（电阻元件）、RESPACK-8（排阻元件）、LED-RED（发光二极管）、BUTTON（中断按钮）、CAP（电容元件）、CRYSTAL（晶振）等元件。

② 对照图 5.4 放置元器件并连接导线。注意设置 R1 的电阻值为 10 kΩ，R2 ~ R9 的电阻值均为 50 Ω。

③ 设置元器件属性并进行电气检测。先右击，再单击各元器件，按参考电路图所示，设置元器件的属性值。执行 Tools→Electrical Rules Check 命令，完成电气检测。

④ 加载目标代码文件。先右击，再单击单片机 AT89C51，单击弹出的 Edit Component 对话框中 Program File 栏的打开按钮，在 Select File Name 对话框找到 Keil 软件编译生成的 HEX 文件，单击 Open 按钮，完成添加文件；将 Clock Frequency 栏中的频率设为 12 MHz。

⑤ 单击仿真启动按钮，全速运行程序。

⑥ 观察并记录 8 个发光二极管的变化规律。

扫一扫 ●

实训 7
Keil

扫一扫 ●

实训 7
Proteus

⑦ 按下按键 K 后，再次观察 8 个发光二极管的变化规律。并记录按下 K 键前后的不同现象。

📖 **分析与思考**

（1）分析上述现象产生的原因。

（2）如果改由 INT1，则如何修改硬件电路及程序？

（3）用 INT0 和 INT1 两个中断同时使用，以实现实训 4 中分析思考题 3 要求的效果。INT0 开门一次，INT1 关门一次。

习　题

一、填空题

1. 单片机中断系统中，用于控制中断开放的专用寄存器是（　　）。

2. 单片机中断系统中，用于控制中断优先级的专用寄存器是（　　）。

3. 单片机的 5 个中断源中，默认优先级最高的是（　　）。

4. 单片机的 5 个中断源中，有（　　）个外部中断，（　　）个内部中断。

5. 单片机的中断源中，$\overline{INT0}$ 对应的中断服务程序的入口地址为（　　）。

二、选择题

1. 8051 单片机的中断源全部编程为同级时，优先级最高的是（　　）。

    A. $\overline{INT1}$ B. TI

    C. 串行接口   D. $\overline{INT0}$

2. 8051 单片机的中断允许触发器内容为 83H，CPU 将响应的中断请求是（　　）。

    A. T1，$\overline{INT1}$ B. T0，T1

    C. T1，串行接口   D. T0，$\overline{INT0}$

3. 要想测量 $\overline{INT0}$ 引脚上的一个正脉冲宽度，那么特殊功能寄存器 TMOD 的内容应为（　　）。

    A. 09H   B. 87H

    C. 00H   D. 80H

4. 外部中断 $\overline{INT1}$ 的中断向量号是（　　）。

    A. 0   B. 1

    C. 2   D. 3

5. 在中断服务程序中，至少应有一条（　　）。

    A. 传送指令   B. 转移指令

    C. 加法指法   D. 中断返回指令

三、判断题

1. 8051 单片机有 3 个中断源，优先级由软件填写特殊功能寄存器 IP 加以选择。

                                                 （　　）

2. 单片机中的所有中断都是可以屏蔽的。   （　　）

3. 外部中断 $\overline{INT0}$ 入口地址为 0013H。   （　　）

4. 8051 单片机的中断优先级是固定不变的。　　　　　　　　　　　　　（　　）

四、简答题

1. 8051 单片机有几个中断优先级？如何设置？当两级中断时，8051 单片机内部如何管理中断嵌套？

2. 试述中断响应的过程，如何计算中断响应的时间？

3. 外部中断有几种触发方式？如何选择？8051 单片机中断系统对外部请求信号有何要求？

4. 8051 单片机的中断处理程序能否放在 64 KB 程序存储器的任意区域？如何实现？

5. 什么是中断？其主要功能是什么？

第6章 定时/计数器

学习目标：

本章主要介绍了 8051 单片机定时/计数器的工作原理及具体应用，学生通过学习，熟悉 8051 单片机定时/计数器的基本工作原理，学会定时/计数器的具体应用，并能够利用硬件或软件方法对定时/计数器进行有效控制。

知识点：

（1）8051 单片机定时/计数器的工作方式；

（2）定时/计数器的初值计算；

（3）定时/计数器的相关控制寄存器；

（4）定时/计数器的应用程序设计。

6.1 8051 单片机定时/计数器的构成

在实际控制系统中，常常要求由实时时钟来实现定时测控或延时动作，也会要求由计数器实现对外部事件的计数，例如测量电动机转速、频率、脉冲个数等。

实现定时或计数，有软件定时、数字电路硬件定时和可编程定时共 3 种主要方法。

（1）软件定时，让机器执行一个程序段，这个程序段本身没有具体的执行目的，通过正确的循环计数指令实现延时，由于执行每条指令都需要时间，执行这一段程序所需要的时间就是延时时间，这种软件定时占用 CPU 的执行时间，降低了 CPU 的工作效率。

（2）数字电路硬件定时采用如小规模集成电路器件 555，外接定时部件（电阻元件和电容元件）构成。这样的定时电路简单，但要改变定时范围，必须改变硬件电路，如电阻元件和电容元件的参数等，这种定时电路在硬件连接好后，修改不方便。

（3）可编程定时是为方便微机系统的设计和应用而研制的，它是硬件定时，又可以通过软件编程来设定定时时间，8051 系列单片机内部有 2 个 16 位的定时/计数器 T0 和 T1。

6.1.1 8051 单片机定时/计数器的结构与工作原理

8051 单片机的定时/计数器结构框图如图 6.1 所示，定时/计数器 T0 由特殊功能寄存器 TH0（8CH）、TL0（8AH）构成，定时/计数器 T1 由特殊功能寄存器 TH1（8DH）、TL1（8BH）构成。另外，与定时/计数器有关的还有定时器方式寄存器 TMOD 和定时器控制寄存器 TCON。TMOD 主要是用于设定定时器的工作方式，TCON 主要是用于控制定时器启/停操作。当工作在计数方式时，计数脉冲分别是通过引脚 T0（P3.4）和 T1（P3.5）输入的。

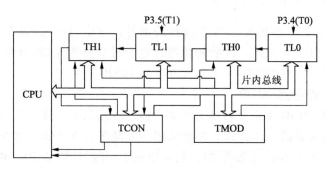

图 6.1 8051 单片机定时/计数器结构框图

定时/计数器对内部的机器周期脉冲个数的计数就实现了定时，因为机器周期是固定的，所以定时时间即等于所计次数 N（未知量）乘以 1 个机器周期。对片外脉冲个数的计数就是计数功能。定时时间的计算方法：

$$定时时间\ T = 计数次数\ N \times 机器周期\ T_m$$

在工程应用中，由定时时间 T 和机器周期 T_m，可推算出计数次数 N。

在作定时器使用时，计数脉冲（机器周期）是由晶振的输出经 12 分频后得到的，所以定时器也可看作是对单片机机器周期的个数的计数器，当晶振连接确定后，机器周期的时间也就确定了，这样就实现了定时功能。注意，晶振为 12 MHz 的单片机的一个机器周期是 1 μs，晶振为 6 MHz 的单片机的一个机器周期是 2 μs。

在作计数器使用时，接相应的外部输入引脚 T0（P3.4）或 T1（P3.5）。在这种情况下，当检测到输入引脚上的高电平由高到低跳变时，计数器就加 1。每个机器周期的 S5P2 时采样外部输入，当采样值在第 1 个机器周期为高，在第 2 个机器周期为低时，则在下一个机器周期的 S3P1 期间计数器加 1。由于确认一次负跳变要花 2 个机器周期，即 24 个振荡周期，因此外部输入的计数脉冲的最高频率为系统振荡频率的 1/24，这就要求输入信号的电平应在跳变后至少 1 个机器周期内保持不变，以保证在给定的电平再次变化前至少被采样 1 次。

定时/计数器的逻辑结构如图 6.2 所示。

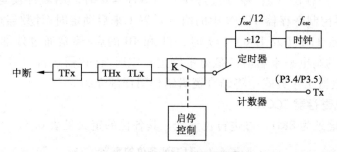

图 6.2 8051 单片机定时/计数器的逻辑结构

定时/计数器采用加 1 计数模式，当启动定时器后，即在初值基础上对脉冲进行加 1 计数，待计到满量程时，即产生溢出，同时置位中断标志位 TF1（或 TF0），而定时器本身将全部清 0。计数器初值可用下式计算：

$$初值 = 满量程 - 计数次数\ N$$

6.1.2 定时/计数器的相关寄存器

8051 单片机的定时/计数器是一种可编程的部件，在定时/计数器开始工作之前，用户必须通过指令来设定其工作方式、计数初值等，这个过程称为定时/计数器的初始化。在初始化程序中，要将工作方式控制字写入方式寄存器 TMOD。

1. 定时器的方式寄存器 TMOD

特殊功能寄存器 TMOD 为定时器的方式寄存器，占用的字节地址为 89H，不可以进行位寻址，如果要定义定时器的工作方式，需要采用字节操作指令赋值。该寄存器各位的定义见表 6.1。其中高 4 位用于定时/计数器 T1，低 4 位用于定时/计数器 T0。M1、M0 具体工作方式选择见表 6.2。

表 6.1　TMOD 各位的定义

项　　目	定时/计数器 T1				定时/计数器 T0			
位序	D7	D6	D5	D4	D3	D2	D1	D0
位名称	GATE	C/$\overline{\text{T}}$	M1	M0	GATE	C/$\overline{\text{T}}$	M1	M0

表 6.2　工作方式选择

M1M0	方式	说　　明	最大计数次数（满量程）	定时范围（$f_{osc}=12$ MHz）
00	0	13 位定时/计数器	$2^{13}=8\,192$	$2^{13}\times 1\,\mu s=8.192$ ms
01	1	16 位定时/计数器	$2^{16}=65\,536$	$2^{16}\times 1\mu s=65.536$ ms
10	2	自载初值的 8 位定时/计数器	$2^8=256$	$2^8\times 1\,\mu s=0.256$ ms
11	3	对 T0 分为 2 个 8 位计数器；对 T1 在方式 3 时停止工作	$2^8=256$	$2^8\times 1\,\mu s=0.256$ ms

（1）M1M0——方式选择位，可通过软件设置选择定时/计数器的 4 种工作方式。

（2）C/$\overline{\text{T}}$——定时/计数功能选择位。C/$\overline{\text{T}}$ =1 时，为计数方式，计数器对外部输入引脚 T0（P3.4）或 T1（P3.5）的外部脉冲的负跳变计数；C/$\overline{\text{T}}$ =0 时，为定时方式。

（3）GATE——门控位（启/停方式选择）。GATE = 0 时，用软件使运行控制位 TR0 或 TR1（定时/计数器控制寄存器 TCON 中的两位）置 1 来启动定时/计数器运行（清 0 停止定时器）；GATE = 1 且 TR1（或 TR0）=1 时，T1 和 T0 的启/停是通过外部引脚（INT1_P3.3 或 INT0_P3.2）上的高电平来启动（低电平停止）定时/计数器运行（硬件启/停）。具体逻辑结构在定时/计数器工作方式中将结合逻辑结构图详细介绍。

2. 定时器控制寄存器 TCON

TCON 的字节地址为 88H，可进行位寻址，其各位的定义见表 6.3。

表 6.3　TCON 各位的定义

位序	D7	D6	D5	D4	D3	D2	D1	D0
位名称	TF1	TR1	TF0	TR0	IE1	IT1	IE0	IT0

其中低 4 位与外部中断有关，高 4 位的功能如下：

（1）TF0、TF1——分别为定时/计数器 T0、T1 的计数溢出标志位，也是它们的中断标志位。

当计数器计数溢出时，该位置 1。编程在使用查询方式时，此位作为状态位供 CPU 查询，查询后由软件清 0；使用中断方式时，此位作为中断请求标志位，中断响应后由硬件自动清 0。

（2）TR0、TR1——分别为定时/计数器 T0、T1 的运行控制位，可由软件置 1 或清 0。

令 TR0（或 TR1）= 1，启动定时/计数器 T0（或 T1）运行；令 TR0（或 TR1）= 0，停止定时/计数器 T0（或 T1）。

3. 中断允许控制寄存器 IE（A8H）

请参照上一章有关中断的内容。

6.2　8051 单片机定时/计数器的工作方式及应用

6.2.1　定时/计数器的工作方式

定时/计数器在逻辑上可分为三大块：计数部分、方式选择部分、控制启动部分。本节以定时/计数器 T0 为例来介绍其逻辑结构和工作方式。

（1）定时方式：定时方式是对内部机器周期计数，每过一个机器周期，计数器加 1。

（2）计数方式：计数方式是对外部引脚 T0 输入的脉冲进行计数，是通过下降沿触发计数。脉冲的一个下降沿，计数器加 1。

定时/计数器可以通过特殊功能寄存器 TMOD 中的控制位 C/$\overline{\text{T}}$ 的设置来选择定时/计数器的工作方式。通过 M1M0 两位的设置选择 4 种工作方式，分别为工作方式 0、工作方式 1、工作方式 2 和工作方式 3。现以定时/计数器 T0 为例。

1. 工作方式 0

M1M0 = 00——13 位计数器。当 M1M0 = 00 时，定时器选定为工作方式 0 工作。在这种方式下，16 位寄存器（由特殊功能寄存器 TL0 和 TH0 组成）只用了 13 位，TL0 的高 3 位未用，由 TH0 的全部 8 位和 TL0 的低 5 位组成一个 13 位的定时/计数器，其最大的计数次数应为 2^{13} 次。如果单片机采用 6 MHz 晶振，机器周期为 2 μs，则该定时器的最大定时时间为 16.384 ms。工作方式 0 的逻辑结构图如图 6.3 所示。

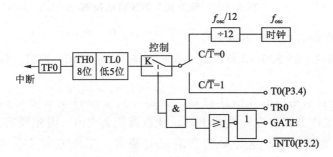

图 6.3　工作方式 0 的逻辑结构图

当 GATE = 0 时，只要 TCON 中的启动控制位 TR0 为 1，由 TH0 和 TL0 组成的 13 位计数器就开始计数，当 TR0 = 0 时，定时器停止工作。这种控制方式又称软件启/停。

当 GATE = 1 且 TR0 = 1 时，可以通过 INT0（P3.2）引脚来启/停定时器。当 INT0 = 1 时，启动定时器，当 INT0 = 0 时，定时器停止工作。这种控制方式又称硬件启/停。

当 13 位计数器加 1 到全为 1 后，再加 1 就会产生溢出，并使 TCON 的溢出标志位 TF0 自动置 1，同时计数器 TH0（全部 8 位）TL0（低 5 位）变为全 0，如果要循环定时，必须要用软件重新装入初值。

（1）结构。由 TH0 的全部 8 位和 TL0 的低 5 位构成。当 TL0 低 5 位计数满时，直接向 TH0 进位，而当全部 13 位计数满溢出时，TF0 置 1。

（2）TMOD 值：TMOD = 00H 时，T0 作定时器用；TMOD = 04H 时，T0 作计数器用。

（3）计数初值：最大计数值为 $2^{13} = 8\ 192$。

$\Delta T = (2^{13} -$ 计数初值$) \times$ 机器周期$(12/f_{osc})$；计数初值 $= 2^{13} -$ 欲计数脉冲数 $= 2^{13} - \Delta T/$ 机器周期。

2. 工作方式 1

M1M0 = 01——16 位计数器。当 M1M0 = 01 时，定时器选定为工作方式 1 工作。在这种方式下，16 位寄存器由特殊功能寄存器 TH0 和 TL0 组成一个 16 位的定时/计数器，其最大的计数次数应为 2^{16} 次。如果单片机采用 6 MHz 晶振，则该定时器的最大定时时间为 131 ms。工作方式 1 的逻辑结构图如图 6.4 所示。除了计数位数不同外，工作方式 1 与工作方式 0 的工作过程相同。

（1）TMOD 值：TMOD = 01H 时，T0 作定时器用；TMOD = 05H 时，T0 作计数器用。

（2）计数初值：$\Delta T = (2^{16} -$ 计数初值$) \times$ 机器周期$(12/f_{osc})$；计数初值 $= 2^{16} -$ 欲计数脉冲数 $= 2^{16} - \Delta T/$ 机器周期。

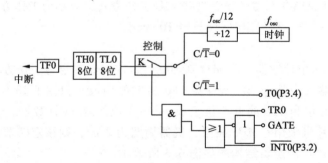

图 6.4 工作方式 1 的逻辑结构图

例如：定时 500 μs，$f_{osc} = 6$ MHz 时，

初值 $= 2^{16} - 500/2 = 65\ 536 - 250 = 65\ 286 = $ FF06H，则 TH0 = FFH，TL0 = 06H。

3. 工作方式 2

M1M0 = 10——自载初值的 8 位计数器。工作方式 2 是自动重装初值的 8 位定时/计数器。工作方式 0 和工作方式 1 当计数溢出时，计数器变为全 0，因此要实现循环定时，需要重复用指令对定时器赋初值，这势必会影响定时精度，工作方式 2 就是针对此问题而设置的。

当 M1M0 = 10 时，定时器选定为工作方式 2 工作。在这种方式下，8 位寄存器 TL0 作为计数器，当计数溢出时，在置 1 溢出中断标志位 TF0 的同时，将 TH0 的值自动装入 TL0。在这种工作方式下其最大的计数次数应为 2^8 次。如果单片机采用 6 MHz 晶振，则该定时器的最大定时时间为 512 μs。工作方式 2 的逻辑结构图如图 6.5 所示。

以 TL0 作计数器，而 TH0 作为预置寄存器。当计数满溢出时，TF0 置 1，同时将 TH0 中的计数初值以硬件方法自动装入 TL0。

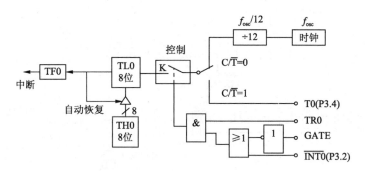

图 6.5　工作方式 2 的逻辑结构图

（1）TMOD 值：TMOD = 02H 时，T0 作定时器用；TMOD = 06H 时，T0 作计数器用。

（2）计数初值：最大计数值为 $2^8 = 256$，若 $f_{osc} = 12$ MHz，则工作方式 2 的最大定时时间为 256 μs。当作为定时器用时，定时时间的计算公式为

$$\Delta T = (2^8 - 计数初值) \times 机器周期(12/f_{osc})$$

$$计数初值 = 2^8 - 欲计数脉冲数 = 2^8 - \Delta T/机器周期$$

例如：定时 500 ms，当 $f_{osc} = 6$ MHz 时，初值 $= 2^8 - 500/2 = 6 = 06H$，则 TH0 = TL0 = 06H。

4. 工作方式 3

当 M1M0 = 11 时，定时器选定为工作方式 3 工作。工作方式 3 只适用于定时/计数器 T0，T1 不能工作在工作方式 3。

定时/计数器 T0 分为 2 个独立的 8 位计数器 TL0 和 TH0，其逻辑结构图如图 6.6 所示。TL0 使用 T0 的状态控制位 C/$\overline{T}$、GATE、TR0 及 $\overline{INT0}$，而 TH0 只能作为 1 个 8 位定时器用（不能作计数方式用），并使用定时/计数器 T1 的状态控制位 TR1 和 TF1，同时占用定时/计数器 T1 的中断源。

一般情况下，当定时/计数器 T1 用作串行端口的波特率发生器时，定时/计数器 T0 才工作在方式 3。当定时/计数器 T0 处于工作方式 3 时，定时/计数器 T1 可定为工作方式 0、工作方式 1 和工作方式 2，作为串行端口的波特率发生器或不需要中断的场合。

（1）T0 工作在工作方式 3 下的功能：

TL0：使用 T0 原有控制资源，功能与工作方式 0、1 相同。

TH0：借用 T1 的 TR1、TF1，只能对片内机器周期脉冲计数，作 8 位定时器。

T0 工作在工作方式 3 时的初值计算完全同工作方式 2。

（2）T0 工作在工作方式 3 下的 T1 功能：T0 工作在工作方式 3 时，T1 仍然可工作于工作方式 0 ~ 工作方式 2，如图 6.6 所示。C/$\overline{T}$ 控制位仍可使 T1 工作在定时器或计数器方式，只是由于其 TR1、TF1 被 T0 的 TH0 占用，因而没有计数溢出标志可供使用，计数溢出时只能将输出结果送至串行端口，即用作串行端口波特率发生器。T0 方式 3 下的 T1 工作方式 2，因定时初值能自动重装，用作波特率发生器更为合适。

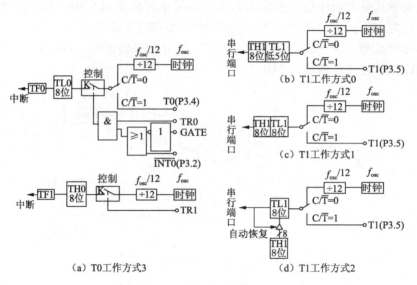

图 6.6　工作方式 3 的逻辑结构图

6.2.2　定时/计数器的应用

基本的 51 单片机内部有 2 个 16 位可编程的定时/计数器 T0 和 T1。它们各自具有 4 种工作方式，其控制字和状态均在相应的特殊功能寄存器中，可以通过软件对控制寄存器编程设置，使其工作在不同的定时状态或计数状态。

现在，市场上新推出了一批以 51 为内核的功能扩展单片机，其中就增加了定时/计数器的数量，使单片机的应用更为灵活，适应性更强。

定时/计数器在实际编程应用时应该注意以下几个方面的问题：

（1）单片机的定时/计数器，实质是按一定时间间隔、自动在系统后台进行计数的。

（2）当被设定工作在定时器方式时，自动计数的间隔是机器周期（12 个晶振振荡周期），即计数频率是晶振振荡频率的 1/12。

（3）当定时器启动时，系统自动在后台，从初始值开始进行计数，计数到某个终点值时（工作方式 1 时是 65 536），产生溢出中断，自动去运行定时中断服务程序。注意，整个计数、溢出后去执行中断服务程序，都是单片机系统在后台自动完成的，不需要人工干预。

（4）定时器的定时时间，应该是终点值初始值×机器周期。对于工作在工作方式 1 和 12MHz 时钟的单片机，最大的定时时间是 $(65\,536-0)\times1\mu s=65.536\,ms$。这个时间也是一般的 51 单片机定时器能够定时的最大定时时间，如果需要更长的定时时间，则一般可累加多定时几次得到，比如需要 1 s 的定时时间，则可让系统定时 50 ms，循环 20 次定时就可以得到 1 s 的定时时间。

（5）定时器定时得到的时间，由于是系统后台自动进行计数得到的，不受主程序中其他运行程序的影响，所以相当精确。

（6）使用定时器，必须先用 TMOD 寄存器设定 T0/T1 的工作方式，一般设定在工作方式 1 的情况比较多，所以可以这样设定：TMOD = 0x01（仅设 T0 为工作方式 1，即 16 位）、TMOD = 0x10（仅设 T1 为工作方式 1，即 16 位）、TMOD = 0x11（设 T0 和 T1 为工作方式 1，即都为 16 位）。

（7）使用定时器，必须根据需要的定时时间，装载相应的初始值，而且在中断服务程序中，很多情况下须重新装载初始值，否则系统会从零开始计数而引起定时失败。

（8）使用定时器前，还必须打开总中断和相应的定时中断，并启动：EA = 1（开总中断）、ET0 = 1（开 T0 中断）、TR0 = 1（启动 T0）、ET1 = 1（开 T1 中断）、TR1 = 1（启动 T1）。

（9）注意中断服务程序尽可能短小精悍，不要让它完成太多任务，尤其尽量避免出现长延时，以提高系统对其他事件的响应灵敏度。

例 6.1 已知 $f_{osc} = 6$ MHz，利用 T1 定时 500 μs，在 P1.0 口输出周期为 1 ms 的方波脉冲，试采用工作方式 0、工作方式 1 编程。

解：采用定时器要定时 500 μs，将 P1.0 取反一次，再定时 500 μs 后，将 P1.0 再取反一次，如此反复，即可以得到周期是 1 ms 的方波信号。可以采用工作方式 0 ~ 工作方式 2 来实现，工作方式 0 为 13 位计数器，工作方式 1 为 16 位计数器，工作方式 2 是自动装初值的 8 位计数器。

（1）方波波形如图 6.7 所示。

（2）计数初值：

工作方式 0：计数初值 = 2^{13} − 欲计数脉冲数 = 2^{13} − ΔT/机器周期 = 2^{13} − 500/2 = 1F06H，将其分解为高 8 位和低 5 位，分别送给 TH1 和 TL1，因此 TH1 = F8H，TL1 = 06H。

工作方式 1：计数初值 = 2^{16} − 欲计数脉冲数 = 2^{16} − ΔT/机器周期 = 2^{16} − 500/2 = FF06H，因此 TH1 = FFH，TL1 = 06H。

（3）定时到达 P1.0 的翻转方法：查询方式、中断方式。

（4）流程图、程序如下：

工作方式 0：采用查询方式。工作方式 0 查询方式程序流程图，如图 6.8 所示。

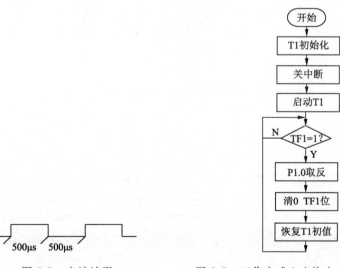

图 6.7 方波波形 　　　图 6.8 工作方式 0 查询方式程序流程图

参考程序：

```
#include <reg51.h>
sbitP1_0 = P1^0;
```

```
void main(void)                    //主程序
{
    TMOD = 0x10;                   //定时器初始化,16 位定时,软件启/停
    TH1 = (65 535 - 250)/256;
    TL1 = (65 535 - 250)%256;
    TR1 = 1;
    while(1)
    {
        while(TF1 == 0);
        TF1 = 0;
        TH1 = (65 535 - 250)/256;
        TL1 = (65 535 - 250)%256;
        P1_0 = ! P1_0;
    }
}
```

工作方式 1：采用中断方式。工作方式 1 中断方式程序流程图如图 6.9 所示。

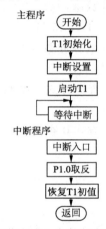

图 6.9　工作方式 1 中断方式程序流程图

参考程序：

```
#include <reg51.h>
sbit P1_0 = P1^0;
void t0int(void) interrupt3              //T0 中断程序
{
    P1_0 = ! P1_0;
    TH1 = (65 535 - 250)/256;
    TL1 = (65 535 - 250)%256;
}
void main(void)                          //主程序
{
    TMOD = 0x10;                         //定时器初始化
```

```
TH1 = (65 535 - 250)/256;
TL1 = (65 535 - 250)% 256;
EA =1;                        //中断初始化
ET1 =1;
TR1 =1;
do{ }while(1);
}
```

6.3 技 能 实 训

【实训 8】 方波信号发生器的中断实现

实训目的

（1）学习单片机中断系统的基本原理及应用。

（2）学会利用 C 语言实现中断的初始化及中断处理的编程方法。

实训内容

利用单片机的定时器中断产生周期为 2 ms 的方波信号，通过 P1.0 口输出，并利用 Proteus 7 Professional 软件提供的仿真示波器观察波形信号的形状及特点。

实训步骤

（1）方波信号发生器电路，如图 6.10 所示。

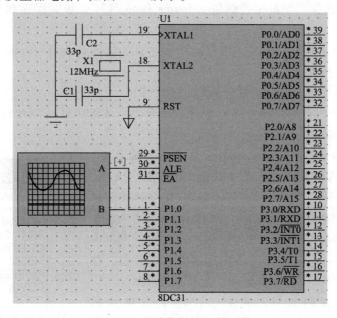

图 6.10 方波信号发生器电路

（2）参考程序，具体如下：

```
#include <reg51.h>
sbitP1_0 = P1^0;
void t0int (void)    interrupt 1using 1    //T0中断程序,使用第1组工作寄存器
{
    TH0 = (65 536 - 1 000)/256;
    TL0 = (65 536 - 1 000)% 256;
    P1_0 = ~ P1_0;
}
void main(void)                            //主程序
{
    TMOD = 0x01;                           //定时器初始化,定时方式1(16位)0000 0001
    TH0 = (65 536 - 1 000)/256;
    TL0 = (65 536 - 1 000)% 256
    EA =1;
    ET0 =1;
    TR0 =1;                                //启动
    do{}while(1);
}
```

实训 8
Keil

（3）用 Keil 软件完成如下操作：

① 建立工程文件。执行 Project→New Project 命令，选择单片机型号 89C51，保存到个人文件夹。

② 建立源文件，执行 File→New 命令，输入源程序，以扩展名 ".c" 形式保存到个人文件夹。加载源文件。右击工程管理器中的 Target 1 文件夹下的 Source Group 1 文件夹，在弹出的快捷菜单中选择"增加文件到组'Source Group 1'"，加载保存到个人文件夹中的源文件。

③ 输入上述 C 语言源程序后，进行编译和连接。执行 Project→Build Target 命令，完成编译。

实训 8
Proteus

（4）用 Proteus 7 Professional 软件完成如下操作：

① 从 Proteus 7 Professional 元件库中选取元器件。AT89C51（单片机）、CAP（电容元件）、CRYSTAL（晶振）。

② 添加示波器元件并连线：单击工具栏中的 ▣ 图标，弹出图 6.11 所示的列表框，从中选取 OSCILLOSCOPE 后，在编辑窗口中单击即可放置一示波器，并将 P1.0 连接于示波器中的 A 端。

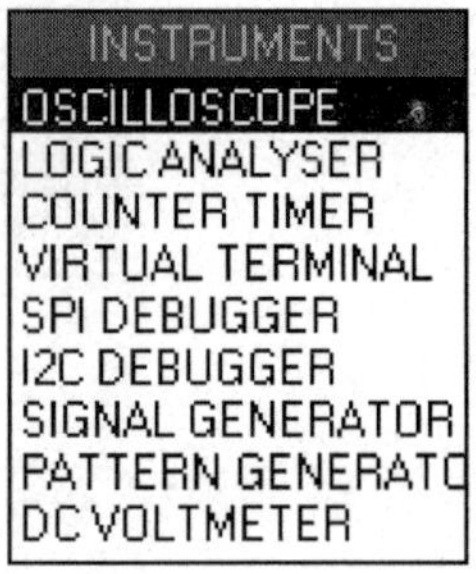

③ 设置元器件属性并进行电气检测。先右击，再单击各元器件，按参考电路图所示，设置元器件的属性值。执行 Tools→Electrical Rules Check 命令，完成电气检测。

④ 加载目标代码文件。先右击，再单击单片机 AT89C51，单击弹出的 Edit Component 对话框中 Program

```
INSTRUMENTS
OSCILLOSCOPE
LOGIC ANALYSER
COUNTER TIMER
VIRTUAL TERMINAL
SPI DEBUGGER
I2C DEBUGGER
SIGNAL GENERATOR
PATTERN GENERATO
DC VOLTMETER
```

图 6.11　添加元器件列表框

File 栏的打开按钮，在 Select File Name 对话框中找到 Keil 软件编译生成的 HEX 文件，单击 Open 按钮，完成添加文件；将 Clock Frequency 栏中的频率设为 12 MHz。

⑤ 单击仿真启动按钮，全速运行程序。

⑥ 观察并记录示波器的波形变化。

分析与思考

（1）试用定时器 T1 实现相同功能。

（2）试将系统改成硬件启停模式。

（3）试用方式 2 实现相同功能。

（4）试用查询方式实现相同功能。

习　题

一、填空题

1. 8051 单片机的定时/计数器的位数是（　　）。

2. 当 8051 单片机的定时器工作在 8 位状态时，若其初值为 0F6H，则其计数次数为（　　）。

3. 在 8051 单片机中，定时/计数器 T0 有（　　）种工作方式，而定时/计数器 T1 有（　　）种工作方式。

4. 在 8051 单片机中，若用软件启动定时/计数器 T0 时，常用的汇编语言指令是（　　）。

二、选择题

1. 在 8051 单片机中，定时器的工作方式 2 是一种（　　）位定时器。

    A. 1   B. 8   C. 13   D. 16

2. 在 8051 单片机中，当 T0 作计数器使用时，则计数脉冲应从（　　）引脚输入。

    A. P3.2   B. P3.3   C. P3.4   D. P3.5

3. 在 8051 单片机中，当 T1 作定时器使用时，则输入的时钟脉冲是由晶振的输出经（　　）分频后得到的。

    A. 2   B. 6   C. 12   D. 24

4. 对于定时/计数器 T0 工作在工作方式 1 时，若初值为 FFF0，则其计数次数为（　　）。

    A. 15   B. 16   C. 31   D. 32

三、简答题

1. 简述定时器的 4 种工作模式的特点，如何选择和设定？

2. 当定时/计数器 T0 用作工作模式 3 时，由于 TR1 位已被 T0 占用，如何控制定时/计数器 T1 的开启和关闭？

3. 在晶振主频为 12 MHz 时，定时最长时间是多少？若要求定时 1 min，最简洁的方法是什么？

4. 已知 8051 单片机的 $f_{osc}=12$ MHz，用 T1 定时。试编程由 P1.0 和 P1.1 引脚分别输出

周期为 2 ms 和 500 μs 的方波。

四、设计题

1. 在晶振主频为 12 MHz 时，要求 P1.0 输出周期为 1 ms 对称方波；P1.1 输出周期为 2 ms 不对称方波，占空比为 1:3（高电平短、低电平长），试用定时器工作方式 0、工作方式 1 编程。

2. 单片机用内部定时方法产生频率为 100 kHz 等宽矩形波，假定单片机的晶振频率为 12 MHz，请编程实现。

3. 以定时/计数器 T1 进行外部事件计数。每计数 1 000 个脉冲后，定时/计数器 T1 转为定时工作方式，定时 10 ms 后，又转为计数方式，如此循环不止。假定单片机晶振频率为 6 MHz，请使用工作方式 1 编程实现。

第 7 章　I/O设备与接口

学习目标：

本章主要介绍了 8051 单片机并行 I/O 接口的工作原理及基本应用、并行 I/O 接口扩展的基本原理及应用。通过对本章内容的学习，学生能够利用基本的并行 I/O 接口对单片机系统的 I/O 设备进行操作，主要是针对键盘及显示对象的操作控制，并能够利用典型可编程接口芯片对并行 I/O 接口进行有效扩展。

知识点：

（1）8051 单片机系统中并行 I/O 接口的基本功能及应用；

（2）8 段数码显示的基本原理及应用；

（3）键盘的基本原理及应用；

（4）可编程芯片 8255A 的工作原理、扩展方法及应用编程。

7.1　计算机 I/O 接口技术概述

7.1.1　I/O 设备及 I/O 接口

在计算机硬件系统中，与 CPU 进行信息交换的外围设备统称为 I/O 设备，简称外设；而连接于外围设备与 CPU（系统总线）之间的接口电路统称为 I/O 接口，简称为接口。因此，在计算机系统中，I/O 设备与 I/O 接口是两个不同的概念，在学习时要注意区分。

1. CPU 与外围设备之间的数据传送特点

CPU 和外围设备之间数据传送有如下特点：

（1）外围设备工作速度差异很大。慢速设备：开关、继电器等；快速设备：磁盘等。CPU 无法按固定时序协调各方的工作。

（2）外围设备种类繁多。主要有机械式、机电式、电子式。

（3）外围设备数据信号多样化。主要有电压、电流信号模拟量、数字量等。

（4）外围设备数据传送有近距离、远距离。

2. 接口电路主要功能

接口电路主要是实现 CPU 与外围设备之间数据传送的协调，主要功能如下：

（1）数据锁存。在计算机系统中，由于采用了总线技术，即所有设备的信息交换都是通过同一根数据总线来实现的，所以每组传送的信息在数据总线上停留的时间都十分短暂，所以一般在 I/O 接口电路中，都采用了数据锁存器，如图 7.1 所示，其功能是负责接收数据总线传来的信息并进行锁存，以提供给外围设备进行处理。

8051 单片机的 4 个并行 I/O 接口，都通过锁存器和外界联系。

（2）速度协调。速度协调一般是通过联络信号来实现的，在计算机系统中，CPU 的速度一般是较快的，而外围设备的速度一般较慢，如打印机，如果按照 CPU 的速度进行打印，则打印机根本是无法进行打印的，所以有必要在 CPU 与外设之间建立一种联络信号，如图 7.2 所示。CPU 在进行打印前首先询问一下外围设备是否已准备好，当外围设备应答准备好后，CPU 才开始向外围设备发送首批打印信息进入打印机缓冲器，打印机再按自己的速度从缓冲器中慢慢取值并进行打印操作，待当前信息打印完毕，再通过接口向 CPU 发准备好信息，从而让 CPU 传送下一批需要打印的信息进入锁存器。如此反复。

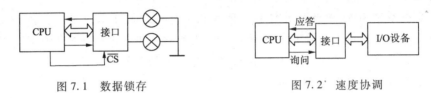

图 7.1　数据锁存　　　　　　　　图 7.2　速度协调

（3）三态缓冲。在计算机系统中，由于采用了总线技术，为防止设备之间的信息相互影响，一般在同一时刻只允许一个设备使用总线，这就是所谓的"总线隔离技术"（三态门电路），即任一时刻，只允许一个数据源使用数据总线。实现总线隔离的主要部件都是通过 I/O 接口来实现的。

（4）数据转换。计算机所处理的是数字量，而外围设备中有许多信号都是模拟量，这时就需要使用接口电路来实现 A/D 及 D/A 的转换操作，另外，还有串行通信与并行通信的转换、通信电平的转换、通信信号压缩与解压的转换、信号能量的转换等，这些都是通过接口电路来实现的。计算机与单片机之间经常用到的转换接口是 RS–232 与 TTL 电平之间的转换。

3. 外围设备的编址方式

在计算机系统中，I/O 设备和存储器单元一样，都是通过地址来访问的，不同的设备均有不同地址，且具有唯一性，外围设备的编址方式主要分为单独编址和统一编址两种。

所谓的单独编址是指：I/O 设备的地址是和存储器单元地址分开的，设备不受存储器单元地址的影响，计算机主要是通过不同指令来区分是外围设备地址还是存储器单元地址的，如 8086 就是采用这种方式编址的。

所谓的统一编址是指：I/O 设备的地址是和存储器单元地址混合在一起的，又称混合编址，如 8051 单片机采用的就是这样一种编址方式。如地址为 7FH 的为存储器单元，而地址为 80H 的就是 I/O 接口（P0 口）。

7.1.2　CPU 与外围设备之间的数据传送方式

数据传送是微机工作过程中最基本的操作。微机系统中，数据主要在 CPU 与存储器、CPU 与外围设备之间进行传送。本节主要讨论 CPU 与外围设备接口间的数据传送。CPU 与外围设备之间传输数据的控制方式通常有 3 种：程序方式、中断传送方式和 DMA 方式。

1. 程序方式

指用 I/O 指令，来控制信息传输的方式，是一种软件控制方式，根据程序控制的方式不同，又可分为无条件传送方式和条件传送方式。

（1）无条件传送方式。CPU 利用程序控制方式直接与外围设备进行信息交换，即直接与 I/O 设备进行数据存取的传送方式，不管设备是否处于"准备好"状态，CPU 均是直接利用 I/O 指令进行信息的输入/输出操作。

这种方式下的软、硬件设计都比较简单，但应用的局限性较大，因为必须保证外围设备的速度要与 CPU 的速度相当，而只有诸如开关、数码管等简易设备有此功能。

（2）条件传送方式。条件传送方式又称查询方式，即通过程序查询外围设备的状态是否准备好，若没准备好，则不能进行输入/输出操作，CPU 即原地等待；只有等状态信号准备好时，CPU 才进行相应的输入/输出操作。

采用这种方式时，外围设备需要提供一些状态信号给 CPU，如对输入设备来说，它要给 CPU 提供"准备好"（READY）信号，READY = 1 表示输入数据已准备好。对于输出设备则提供"忙"（BUSY）信号，BUSY = 1 表示当前时刻不能接收 CPU 传来的数据，只有当 BUSY = 0 时，才表明它可以接受来自于 CPU 的数据。

以查询输入过程为例，输入操作程序流程图如图 7.3 所示。

2. 中断传送方式

查询方式的优点是硬件电路简单。但在此方式下，CPU 要不断地查询外围设备的状态，当外围设备未准备好时，CPU 就只能循环等待，不能执行其他程序，浪费了 CPU 的大量时间，降低了主机的利用率，而中断传送方式就可以解决这个矛盾。

中断传送方式即 CPU 执行主程序操作时，如果有外围设备的数据已存入输入端口的数据寄存器，或端口的数据输出寄存器已空，则由外围设备通过接口电路向 CPU 发出中断请求信号，如果条件允许，CPU 即暂停当前主程序的执行，转入执行数据输入/输出操作程序，待输入/输出操作程序执行完毕之后，CPU 即返回继续执行原来被中断的主程序。这样 CPU 就避免了把大量时间耗费在等待、查询状态信号的操作上，工作效率大大提高。微机系统引入中断机制，使 CPU 与外围设备可以进行并行工作，便于实现信息的实时处理和系统的故障处理。中断传送方式原理示意图如图 7.4 所示。

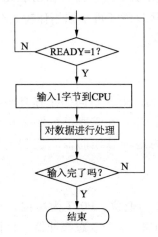

图 7.3　输入操作程序流程图

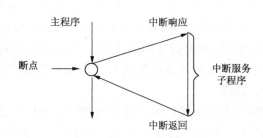

图 7.4　中断传送方式原理示意图

中断传送方式提高了 CPU 的工作效率，但硬件电路较复杂。以输入方式为例，当系统中有多个设备提出中断请求时，就有该先响应谁的问题，也就是优先级的问题。解决优先级的问题一般可有 3 种方法：软件查询法、简单硬件法及专用硬件法。

3. DMA 方式

利用中断进行信息传送，可以大大提高 CPU 的利用率，但是其传送过程必须由 CPU 进行监控。每次中断，CPU 都必须进行断点及现场信息的保护和恢复操作，这也会占用一定的 CPU 时间。如果需要在不同设备之间进行大量信息快速传送，用查询或中断传送方式均不能满足要求，这时应采用直接数据通道传送，即 DMA（Direct Memory Access）方式。

DMA 含义为直接数据通道传送，它是在内存的不同区域之间，或者在内存与外围设备接口之间直接进行数据传送，而不经过 CPU 中转的一种数据传送方式，可以大大提高信息的传送速度。

DMA 方式传送的主要步骤如下：

（1）外围设备准备就绪时，向控制器发 DMA 请求，DMA 控制器接到此信号后，向 CPU 发 DMA 请求。

（2）CPU 接到请求后，如果条件允许（一个总线操作结束），则发出信号作为响应，同时，放弃对总线的控制。

（3）DMA 控制器取得总线控制权后，往地址总线发送地址信号，每传送 1 字节，就会自动修改地址寄存器的内容，以指向下一个要传送的单元。

（4）每传送 1 字节，字节计数器的值减 1，当减到 0 时，DMA 过程结束。

（5）DMA 控制器向 CPU 发结束信号，将总线控制权交还 CPU。

DMA 方式，解决了在内存的不同区域之间，或者内存与外围设备之间大量数据的快速传送问题，代价是需要增加专门的硬件控制电路，称为 DMA 控制器。

7.2 8051 单片机并行 I/O 接口

8051 单片机内部有 4 个 8 位的并行 I/O 接口 P0、P1、P2、P3。其中 P1 口、P2 口、P3 口为准双向口，P0 口为双向的三态数据线口。各接口均由接口锁存器、输出驱动器、输入缓冲器构成。各接口除可进行字节的输入/输出外，每根接口线还可单独用作输入/输出，因此，使用起来非常方便。

7.2.1 P0 口（80H）的结构和功能

P0 口是一个三态双向 I/O 接口，它有两种不同的功能，用于不同的工作环境。在不需要进行外部 ROM、RAM 等扩展时，作为通用的 I/O 接口使用。在需要进行外部 ROM、RAM 等扩展时，采用分时复用的方式，通过地址锁存器后作为地址总线的低 8 位和 8 位数据总线。P0 口的输出级具有驱动 8 个 LSTTL 负载的能力。

1. 结构

P0 口有 8 根接口线，命名为 P0.7 ~ P0.0，其中 P0.0 为低位，P0.7 为高位。P0 口结构图如图 7.5 所示。它由 1 个输出锁存器、1 个转换开关 MUX、2 个三态缓冲器、1 个与门、1 个非门、输出驱动电路和输出控制电路等组成。

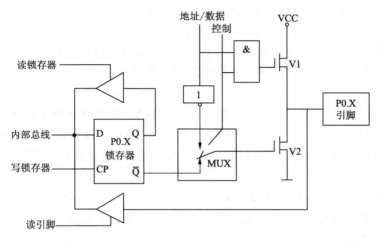

图 7.5　P0 口结构图

2. 通用 I/O 接口功能

在复位状态下，单片机内硬件自动将控制信号清 0，MUX 开关向下接到 D 触发器的反向输出端，同时与门输出 0，使输出驱动器的上拉场效应管 V1 截止，因此，P0 口在用作通用输出口时必须外接上拉电阻器。

（1）输出接口。CPU 在执行输出指令时（如汇编：MOV P0，A），内部数据总线的数据在"写锁存器"信号的作用下由 D 端进入锁存器，反向输出送到 V2，再经 V2 反向输出到外引脚 P0. X 端。

（2）输入接口。用作输入接口时，必须先把锁存器写入 1，目的是为了使 V2 截止以使引脚处于悬浮状态，作为高阻抗输入；否则，若在输入之前向锁存器写入 0，则 V2 导通就会使引脚电位钳位到 0，导致读取信息总是为 0 的错误。

CPU 在执行 MOV 类输入指令时（如汇编：MOV A，P0），单片机内部产生"读引脚"信号，经缓冲器输入到内部总线。P0 口用作输入口的程序格式为

```
汇编语言：
MOV    P0,#0FFH
MOV    A,P0
C 语言：
P0 = 0xFF;
a = P0;
```

（3）"读—修改—写"类指令的接口输出。如执行求反（CPL P0.0）指令时，单片机内部产生"读锁存器"信号，使锁存器 Q 端的数据送到内部总线，在对该位取反后，结果又送回 P0.0 的端口锁存器并从引脚输出。之所以是"读锁存器"而不是"读引脚"，是因为这样可以避免因引脚外部电路的原因而使引脚的状态发生改变而造成误读，如外部接引脚接地的情况。

3. 地址/数据总线功能

CPU 在执行读片外 ROM、读/写片外 RAM 或 I/O 接口指令时，单片机内硬件自动将控制信号置 1，MUX 开关接到非门的输出端，地址信息经 V1、V2 输出。

（1）P0 口分时输出低 8 位地址、输出数据。CPU 在执行输出指令时，低 8 位地址信息和数据信息分时地出现在地址数/据总线上。若地址/数据总线的状态为 1，则 V1 导通、V2 截止，引脚状态为 1；若地址/数据总线的状态为 0，则 V1 截止、V2 导通，引脚状态为 0。可见 P0.X 引脚的状态正好与地址/数据总线的信息相同。

（2）P0 口分时输出低 8 位地址、输入数据。CPU 在执行输入指令时，首先低 8 位地址信息出现在地址/数据总线上，P0.X 引脚的状态与地址/数据总线的信息相同。然后，CPU 自动使 MUX 开关拨向锁存器，并向 P0 口写入 0FFH，同时"读引脚"信号有效，数据经缓冲器读入内部数据总线。因此，可以认为 P0 口作为地址/数据总线使用时是一个真正的双向口。

注意：P0 口作地址/数据总线输出时，通过反相器、与门工作。P0 口作外部数据输入时，必须先输出全 1 信号以使 V1、V2 均截止，引脚浮空，数据经"读引脚"输入缓冲器进入内部总线，是真正的双向口。

7.2.2 P1 口（90H）的结构和功能

P1 口是一个准双向口，只作为通用的 I/O 接口使用，其功能与 P0 口的第一功能相同。作为输出口使用时，由于其内部有上拉电阻器，所以不需外接上拉电阻器；作为输入口使用时，必须先向锁存器写入 1，使 V 截止，然后才能读取数据。P1 口能带 3 ~ 4 个 TTL 负载。

1. 结构

P1 口有 8 根接口线，命名为 P1.7 ~ P1.0，P1 口结构图如图 7.6 所示。它由 1 个输出锁存器、2 个三态缓冲器和输出驱动电路等组成。输出驱动电路设有上拉电阻器。

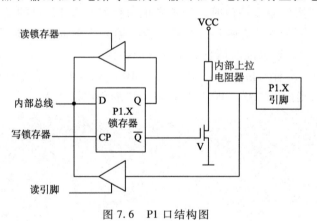

图 7.6　P1 口结构图

2. 功能

与 P0 口用作通用 I/O 接口时一样。

3. 特点

（1）准双向口：作为输入时，端口锁存器必须置 1，使 V 截止，输入信号经由"读引脚"三态缓冲器进入内部总线，如：P1 = 0xFF；X = P1。

（2）内部有上拉电阻器（20 ~ 40 kΩ）。

（3）CPU 读 P1 口的两种情况：

① 读 P1 口的锁存器状态值："读—修改—写"指令，如：ANL P1，#0FH；

② 读 P1 口的引脚（外部输入），如：MOV A，P1。

7.2.3 P2 口（0A0H）的结构和功能

P2 口是一个准双向口，它有两种使用功能：一种是在不需要进行外部 ROM、RAM 等扩展时，作通用的 I/O 接口使用，其功能和原理与 P0 口第一功能相同，只是作为输出口时不需外接上拉电阻器；另一种是当系统进行外部 ROM、RAM 等扩展时，P2 口作系统扩展的地址总线口使用，输出高 8 位地址 A15 ~ A8，与 P0 口第二功能输出的低 8 位地址相配合，共同访问外部程序或数据存储器（64 KB），但它只确定地址并不能像 P0 口那样还可以传送存储器的读/写数据。P2 口能带 3 ~ 4 个 TTL 负载。

1. 结构

P2 口有 8 根接口线，命名为 P2.7 ~ P2.0，P2 口结构图如图 7.7 所示。它由 1 个输出锁存器、1 个转换开关 MUX、2 个三态缓冲器、1 个非门、输出驱动电路和输出控制电路等组成。输出驱动电路设有上拉电阻器。

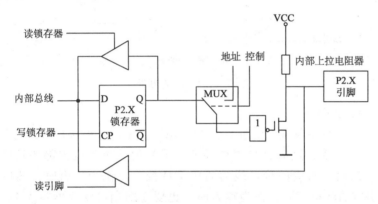

图 7.7　P2 口结构图

2. 通用 I/O 接口功能

当不需要在单片机芯片外部扩展程序存储器，只需扩展 256 字节的片外 RAM 时，访问片外 RAM 就可以利用汇编指令如 "MOVX A，@ Ri" "MOVX @ Ri，A" 类指令来实现。这时只用到了地址总线的低 8 位，P2 口不受该类指令的影响，仍可以作为通用 I/O 接口使用。

（1）输出接口。CPU 在执行输出指令时（如 MOV P2，A），内部数据总线的数据在 "写锁存器" 信号的作用下由 D 端进入锁存器，输出经非门反相送到场效应管 V，再经 V 反相输出。

（2）输入接口。与 P0 口相同。

（3）"读—修改—写" 类指令的接口输出。与 P0 口相同。

3. 地址总线功能

CPU 在执行读片外 ROM、读/写片外 RAM 或 I/O 接口指令时，单片机内硬件自动将控制信号置 1，MUX 开关接到地址总线，地址信息经非门和 V 输出。

7.2.4 P3 口（0B0H）的结构和功能

P3 口是一个多功能的准双向口。第一功能是作通用的 I/O 接口使用，其功能和原理与

P1 口相同。第二功能是作控制和特殊功能口使用，这时 8 根接口线所定义的功能各不相同。P3 口能带 3 ~ 4 个 TTL 负载。

1. 结构

P3 口有 8 根接口线，命名为 P3.7 ~ P3.0，P3 口结构图如图 7.8 所示。它由 1 个输出锁存器、2 个三态缓冲器、1 个与非门和输出驱动电路等组成。输出驱动电路设有上拉电阻器。

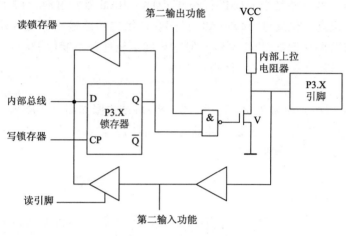

图 7.8　P3 口结构图

2. 通用 I/O 接口功能

当 CPU 对 P3 口进行字节或位寻址（多数应用场合是把几根接口线设为第二功能，另外几根接口线设为第一功能，这时宜采用位寻址方式）时，单片机内部的硬件自动将第二功能输出信号置 1。这时，对应的接口线为通用 I/O 接口。作为输出时，端口锁存器的状态（Q 端）与输出引脚的状态相同；作为输入时，也要先向端口锁存器写入 1，使引脚处于高阻输入状态。输入的数据在"读引脚"信号的作用下，进入内部数据总线。

3. 第二功能

当 P3 口处于第二功能时，单片机内部的硬件自动将端口锁存器的 Q 端置 1，某位作为第二功能输入时，第二功能输出也必须置 1。

P3 口各引脚的定义如下：

（1）第二功能输出：

P3.0——RXD，串行输入口；

P3.6——$\overline{WR}$，外部数据存储器写选通信号；

P3.7——$\overline{RD}$，外部数据存储器读选通信号。

（2）第二功能输入：

P3.1——TXD，串行输出口；

P3.2——$\overline{INT0}$，外部中断输入 0；

P3.3——$\overline{INT1}$，外部中断输入 1；

P3.4——T0，外部计数输入 0；

P3.5——T1，外部计数输入 1。

P3 口相应的接口线处于第二功能时，应满足的条件如下：

（1）串行 I/O 接口处于运行状态（RXD、TXD）。

（2）外部中断已经打开（INT0、INT1）。

（3）定时/计数器处于外部计数状态（T0、T1）。

（4）执行读/写外部 RAM 的指令（RD、WR）。

作为输出功能的口线（如 P3.1），由于该位的端口锁存器已自动置 1，与非门对第二功能输出是畅通的。作为输入功能的口线（如 P3.0），由于该位的端口锁存器和第二功能输出线均为 1，使 V 截止，该引脚处于高阻输入状态。信号经输入缓冲器进入单片机的第二功能输入线。在应用中，如不设定 P3 口各位的第二功能，则 P3 口线自动处于第一功能状态。

7.3　8051 单片机并行 I/O 接口的应用

7.3.1　并行 I/O 接口的基本输入/输出原理

对于 8051 单片机的 4 个并行 I/O 接口，在使用中，既可以采用以字节为单位进行操作，也可以以位为单位进行操作。接口输入分为上拉和下拉两种形式，具体说明如下：

1. 上拉输入电路

用于接收外部开关量信号，如按键等。单片机的上拉输入电路如图 7.9（a）所示，有效输入信号为低电平，无效信号为高电平。假设外接按键，当按键松开时，输入为高电平 1；当按键按下时，输入为低电平 0。例如：if（button = =0）{…}。

2. 下拉输入电路

用于接收外部开关量信号，如按键等。单片机的下拉输入电路如图 7.9（b）所示，有效输入信号为高电平，无效信号为低电平。假设外接按键，当按键松开时，输入为低电平 0；当按键按下时，输入为高电平 1。例如：if（button = =1）{…}。

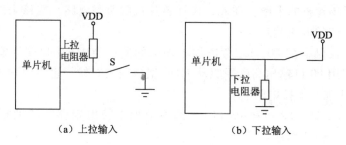

（a）上拉输入　　　　　　　　（b）下拉输入

图 7.9　上、下拉输入电路

3. 输出电路

对于外接负载，根据驱动方式来分，有"电流输出型"和"电流输入型"两种结构，当输出 1 信号驱动时，为电流输出型，其等效电路如图 7.10（a）所示；当输出 0 信号驱动时，为电流输入型，其等效电路如图 7.10（b）所示。

7.3.2　并行 I/O 接口的驱动能力

单片机的引脚，可以用程序来控制，输出高、低电平，这些可算是单片机的输出电压。

但是，程序控制不了单片机的输出电流。单片机的输出电流，很大程度上是取决于引脚上的外接器件。

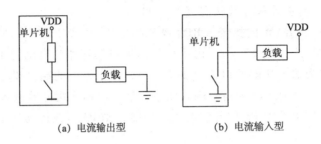

（a）电流输出型　　　　　　　（b）电流输入型

图 7.10　输出电路结构

单片机输出低电平时，则允许外部器件向单片机引脚内灌入电流，这个电流称为灌电流，外部电路称为灌电流负载；单片机输出高电平时，则允许外部器件从单片机的引脚拉出电流，这个电流称为拉电流，外部电路称为拉电流负载。这些电流一般是多少就是常见的单片机输出驱动能力的问题。

从 8051 单片机的手册中可以看到，单片机的每个单个的引脚，输出低电平时，允许向引脚灌入的最大电流为 10 mA；每个 8 位的接口（P1 口、P2 口和 P3 口），允许向引脚灌入的总电流最大为 15 mA，而 P0 的能力强一些，允许向引脚灌入的总电流最大为 26 mA；全部的 4 个端口所允许的灌电流之和，最大为 71 mA。而当这些引脚输出高电平时，单片机的拉电流竟然不到 1 mA。这说明单片机输出低电平时，驱动能力尚可；而输出高电平时，没有输出电流的能力。

如果在 1 个 8 位的接口，安装 8 个 1 kΩ 的上拉电阻器，当单片机都输出低电平时，就有（5 V×8）/1 kΩ＝40 mA 的电流灌入这个 8 位的接口；如果 4 个 8 位接口，都加上 1 kΩ 的上拉电阻器，最大有可能出现（5 V×8×4）/1 kΩ＝160 mA 的电流都流入单片机中，这个数值已经超过了单片机的上限。在此，设计单片机的负载电路，应该采用灌电流负载的电路形式，以避免无谓的电流消耗。

上拉电阻器，仅仅是在 P0 口才考虑加不加的问题：当用 P0 口作为输入接口时，需要加上拉电阻器；当用 P0 口输出高电平驱动 MOS 型负载的时候，也需要加上拉电阻器；其他的时候，P0 口不用加入上拉电阻器。

在其他接口（P1 口、P2 口和 P3 口），都不应加上拉电阻器，特别是输出低电平有效时，外接器件就有上拉的作用。

由于 MCS-51 系列单片机引脚导电能力有限，一般为 mA 级，在驱动负载时，一般不允许直接带负载，而采用间接驱动模式。单片机核心板对外接控制对象常用的驱动方式一般有晶体管驱动、晶闸管驱动、继电器驱动及光耦合器驱动等几种形式。

7.4　8051 单片机并行 I/O 接口的扩展

由于 8051 系列单片机的并行 I/O 接口共有 32 个引脚，其中 P3 口一般用作第二功能，且当系统扩展时，P0 口及 P2 口用于提供外扩设备的地址总线及数据总线。所以真正意义上的 I/O 接口只有 P1 口，在 8051 单片机开发系统中经常需要对并行 I/O 接口进行扩展，以满足外围设备对端口数量的需求。

7.4.1 简单 I/O 接口的扩展

只要根据"输入三态，输出锁存"的原则，选择 74 系列的 TTL 电路或 MOS 电路就能组成简单的扩展电路，如输出常采用锁存器 74LS273、74LS373；输入常采用缓冲器 74LS244、74LS245 等芯片都组成 I/O 接口。注意 P0 口、P2 口的带负载能力，如果有必要，则需要增加总线驱动器，如：74LS244（单向）、74LS245（双向）。

在图 7.11 中，74LS273 是 8 位并行 I/O 锁存器，用于驱动发光二极管。74LS244 是 8 位并行 I/O 缓冲器，用于输入外部开关状态。注意到，两个芯片都是用 P2.0 做片选使能，因此，两芯片的有效接口地址相同（0FEFFH）。但它们分别经或门连到片选引脚，因此，只有读操作时，74LS244 片选有效；只有写操作时，74LS273 片选有效。可将开关状态读入，然后用对应的指示灯反映出来。

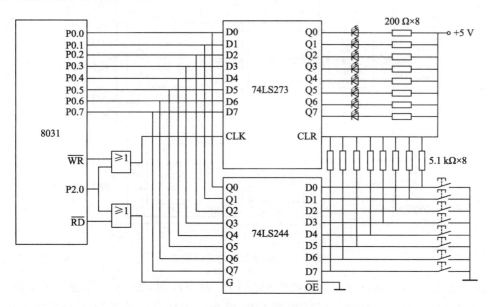

图 7.11 简单 I/O 接口扩展电路

7.4.2 通用可编程并行接口 8255A 的结构

单片机本身的 I/O 接口可以实现简单的输入/输出操作，但其功能十分有限。因为在单片机本身的 I/O 接口电路中，只有数据锁存和缓冲功能，而没有状态寄存和命令寄存功能，难以满足复杂的输入/输出操作要求。在实际应用中，经常利用通用可编程接口芯片进行系统接口的扩展，其中最常用的芯片就是 8255A。

8255A 是一种通用的可编程并行 I/O 接口芯片，也是应用最广泛的并行 I/O 接口芯片。

1. 8255A 的内部结构

通用可编程并行接口 8255A，其内部结构图如图 7.12 所示，由以下 4 个部分组成：

（1）I/O 端口 A、B、C。这 3 个端口均为一般 I/O 端口，但它们的结构和功能稍有不同。端口 A 和端口 B 分别是 1 个独立的 8 位 I/O 端口。对于端口 C，可以看作 1 个独立的 8

位 I/O 端口，也可以看作是 1 个独立的 4 位 I/O 端口。

端口 A：包括 1 个 8 位的数据输出锁存/缓冲器和 1 个 8 位的数据输入锁存器，可作为数据输入或输出端口，可工作于 3 种工作方式中的任何一种。

端口 B：包括 1 个 8 位的数据输出锁存/缓冲器和 1 个 8 位的数据输入缓冲器，可作为数据输入或输出端口，但不能工作于工作方式 2。

端口 C：包括 1 个 8 位的数据输出锁存/缓冲器和 1 个 8 位的数据输入缓冲器，可在方式字控制下分为 2 个 4 位的 I/O 端口（端口 C 上和下），每个 4 位端口都有 4 位的端口锁存器，用来配合端口 A 与端口 B 锁存输出控制信号和输入状态信号，不能工作于工作方式 1 或工作方式 2。

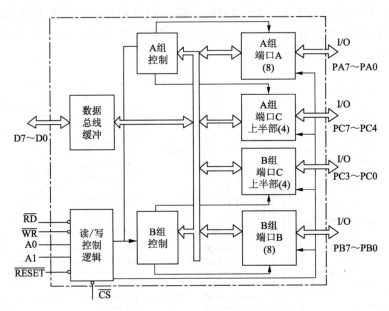

图 7.12　8255A 的内部结构图

（2）A 组和 B 组控制电路。这是两组根据 CPU 命令控制 8255A 工作方式的电路，这些控制电路内部设有控制寄存器，可以根据 CPU 送来的编程命令来控制 8255A 的工作方式，也可以根据编程命令来对端口 C 的指定位进行置/复位的操作。A 组控制电路用来控制端口 A 及端口 C 的高 4 位；B 组控制电路用来控制端口 B 及端口 C 的低 4 位。

（3）读/写控制逻辑。它负责管理 8255A 的数据传送过程。主要引脚有 $\overline{CS}$ 及 $\overline{RD}$、$\overline{WR}$、RESET，还有来自系统地址总线的端口地址选择信号 A0 和 A1。将这些信号组合后，得到对 A 组控制部件和 B 组控制部件的控制命令，并将命令发给这两个部件，以完成对数据、状态信息和控制信息的传送。

（4）数据总缓冲器。它是 8 位双向的三态缓冲器。作为 8255A 与系统总线连接的界面，I/O 的数据，CPU 的编程命令以及外围设备通过 8255A 传送的工作状态等信息，都是通过它来传输的。

2. 8255A 的引脚信号

如图 7.13 所示是 8255A 芯片外形与引脚。除了电源和地以外，其他信号可以分为两组：

（1）用于连接外围设备的引脚：

① PA7 ~ PA0：A 组数据信号；

② PB7 ~ PB0：B 组数据信号；

③ PC7 ~ PC0：C 组数据信号。

（2）用于连接 CPU 的引脚：

① $\overline{\text{RESET}}$：复位信号，低电平有效。当 RESET 信号来到时，所有内部寄存器就被清 0，同时，3 个数据端口被自动设为输入端口。

② D7 ~ D0：它们是 8255A 的数据线，和系统数据总线相连。

③ $\overline{\text{CS}}$：芯片选择信号，低电平有效。可以用译码法片选，也可以用线选法片选。只有当 CS 有效时，读信号 RD 和写信号 WR 才对 8255A 有效。

④ $\overline{\text{RD}}$：芯片读信号（输入），低电平有效。

⑤ $\overline{\text{WR}}$：芯片写信号（输出），低电平有效。

⑥ A1、A0：端口选择信号。8255A 内部有 3 个数据端口和 1 个控制字单元，共 4 个地址单元。规定当 A1A0 = 00 时，选中端口 A；A1A0 = 01 时，选中端口 B；A1A0 = 10 时，选中端口 C；A1A0 = 11 时，选中控制字单元。

8255A 的控制信号与传输动作的对应关系见表 7.1。

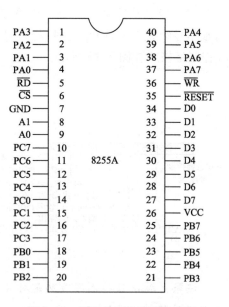

图 7.13　8255A 芯片外形与引脚

表 7.1　8255A 的控制信号与传输动作的对应关系

$\overline{\text{CS}}$	A1	A0	$\overline{\text{RD}}$	$\overline{\text{WR}}$	传输说明
0	0	0	0	1	数据从端口 A 送数据总线（输入）
0	0	1	0	1	数据从端口 B 送数据总线（输入）
0	1	0	0	1	数据从端口 C 送数据总线（输入）
0	0	0	1	0	数据从数据总线送端口 A（输出）
0	0	1	1	0	数据从数据总线送端口 B（输出）
0	1	0	1	0	数据从数据总线送端口 C（输出）
0	1	1	1	0	如果 D7 为 1，则是向 8255A 控制寄存器（8 位）写入控制字；如果 D7 为 0，则是向 8255A 的端口 C 发出置 1、置 0 命令
1	×	×	×	×	D7 ~ D0 进入高阻状态
0	1	1	0	1	非法的信号组合
0	×	×	1	1	D7 ~ D0 进入高阻状态

注：×表示任意状态。

3. 8255A 的控制字

（1）工作方式控制字。8255A 有 3 种工作方式：方式 0、方式 1、方式 2。两组端口可分别指定不同的工作方式。每组端口在某种工作方式下，并不要求各信号同为输入或同为输出，而是可以分别指定。8255A 方式控制字的格式如图 7.14 所示。PA、PB、PC 均为输出的控制字为 1000 0000（0x80）；PA、PB、PC 均为输入的控制字为 1001 1011（0x9B）。

（2）端口 C 控制字。端口 C 的各信号线常作为控制线来使用，因此，经常需要单独对每根信号线置 1 或置 0。这种操作用向端口 C 控制字寄存器送出端口 C 控制字来实现。端口 C 控制字格式如图 7.15 所示。

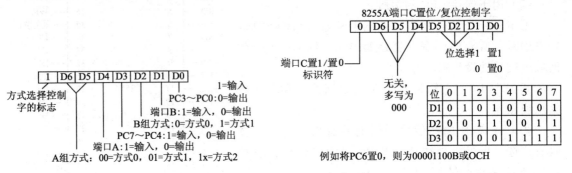

图 7.14　8255A 方式控制字　　　　　图 7.15　8255A 的端口 C 控制字

注意：端口 C 控制字虽然是对端口 C 的操作，但应写入控制字的单元地址，而不是写入端口 C 的端口地址。

例 7.1　设 PA 数据口地址 00E0H，PB 数据口地址 00E2H，PC 数据口地址 00E4H，控制口地 00E6H。当要求端口 A 工作在方式 0，输出；端口 B 工作在方式 1，输入；端口 C 的高 4 位为输入，低 4 位为输出；则方式控制字为 10001110B 即 8EH，如图 7.16 所示。试编写指令。

指令如下：

```
unsigned char xdata *dptr = 0x00E6;
*dptr = 0x8E;
```

例 7.2　在上述硬件条件不变的情况下，当要求端口 A 工作在方式 1，输入；端口 B 工作在方式 0，输入；端口 C 的高 4 位为输出，低 4 位为输出；则方式控制字为 10110010B 或 0B2H，如图 7.17 所示。试编写指令。

图 7.16　例 7.1 图　　　　　　　　图 7.17　例 7.2 图

指令如下：

```
unsigned char xdata *dptr = 0x00E6;
*dptr = 0xB2;
```

例 7.3　在上述硬件条件不变的情况下，对 PC7 置 1，则控制字为 00001111B 或 0FH，如图 7.18 所示。

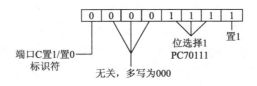

图 7.18　例 7.3 图

编程指令如下：

```
unsigned char xdata *dptr = 0x00E6;
*dptr = 0x0F;
```

4. 8255A 的工作方式

（1）方式 0（直接输入/输出方式）。这是一种基本输入/输出方式，它适用于无须握手信号的简单输入/输出应用场合，端口 A、端口 B、端口 C 都可作为输入/输出数据使用，输出有锁存而输入无锁存。

端口 A、端口 B、端口 C 均可以工作在方式 0，作为 8 位的并行 I/O 端口，但端口 C 又可以分为 2 个 4 位 I/O 端口，PCH（C7～C4）和 PCL（C3～C0）。

注意：在方式 0 下，若使用查询方式传送数据，用户自己可以设置端口 C 中的 2 根引脚线作为联络信号。

（2）方式 1。方式 1 又称选通的输入/输出方式。8255A 工作在方式 1 时，无论是输入还是输出都通过应答关系实现，这时端口 A 或端口 B 用作数据口，端口 C 的一部分引脚用作握手（联络）信号线与中断请求线，即条件传送。

下面以端口 A 为例，分别说明其输入/输出工作方式。

① 输入方式，如图 7.19 所示。

方式 1 的输入过程：外围设备将数据经端口 A 送入 8255A 缓冲器中，并通过$\overline{STB_A}$选通引脚传递来数据准备好信号（选通信号宽度至少 500 ns），延时一段时间后缓冲器满，8255A 则向 CPU 发 1 个缓冲满信号$\overline{IBF_A}$，以供 CPU 采用查询方式接收数据，当选通信号$\overline{STB_A}$结束时，8255A 向 CPU 发 1 个中断请求信号$\overline{INTR_A}$，以供 CPU 采用中断方式接收数据，当 CPU 通过$\overline{RD}$信号读取 8255A 缓冲器的输入数值后，所有信号均复位，以便进行下一周期的输入操作。

② 输出方式，如图 7.20 所示。

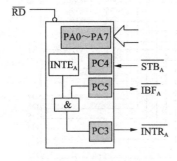

图 7.19　输入方式

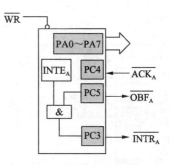

图 7.20　输出方式

方式 1 的输出过程：CPU 通过$\overline{WR}$信号将数据通过数据总线送入 8255A 的缓冲器中，当

$\overline{\text{WR}}$信号结束时，8255A 向外围设备发 1 个缓冲器满信号$\overline{\text{OBF}}_A$，以通知外围设备把数据取走，外围设备收到$\overline{\text{OBF}}_A$信号后，并通过选通信号$\overline{\text{OBF}}_A$选通 8255A，并通过端口 A 从缓冲器中读取输出数据，待$\overline{\text{ACK}}_A$结束时，8255A 再通过$\overline{\text{INTR}}_A$中断引脚通知 CPU 数据已取走。显示所有信号复位，以便进行下一周期的输出操作。

注意：

a. 方式 1 下，用中断传送方式时，要用端口 C 置位/复位命令将端口 C 中的中断允许位$\overline{\text{INTR}}_A$ 或 INTR_B 置 1。

b. 不论端口 A、端口 B 工作于什么方式，端口 C 中没有用的引脚均可作为一般 I/O 端口使用。

（3）方式 2。方式 2 又称双向传输方式。该方式只适用于端口 A。在方式 2 下，外围设备在 8 位数据总线上，既能往 CPU 发送数据，也能从 CPU 接收数据。当端口 A 工作于方式 2 时，端口 C 中有固定的 5 根线配合端口 A 工作，用来提供相应的控制信号和状态信号（PC3 ~ PC7 配合端口 A）。方式 2 的传送方式如图 7.21 所示。

方式 2 只适用于端口 A。当端口 A 工作在方式 2 时，端口 C 用 5 个数位自动配合端口 A 提供控制信号和状态信号。控制信号、状态信号和时序基本上是端口 A 工作在方式 1 下的控制信号、状态信号和时序的组合。

方式 2 是一种双向工作方式，如果一个并行外围设备既可以作为输入设备又可以作为输出设备，并且输入/输出动作不会同时进行，那么，将这个外围设备和 8255A 的端口 A 相连，并使它工作在方式 2，就会非常合适。

比如，磁盘驱动器就是这样一个外围设备，主机既可以从磁盘输出数据，也可以往磁盘输入数据，但是数据输出过程和数据输入过程总是不重合的，所以，可以将磁盘驱动器的数据线与 8255A 的端口 A 相连，再使 PC3 ~ PC7 和磁盘驱动器的控制线和状态线相连即可。

7.4.3 8051 单片机和 8255A 的接口方法

图 7.22 所示为 8051 单片机和 8255A 的一种接口电路。其中，PA 口、PB 口、PC 口及控制字的端口的地址分别为 7FFCH、7FFDH、7FFEH、7FFFH。

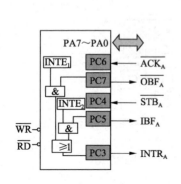

图 7.21　方式 2 的传送方式

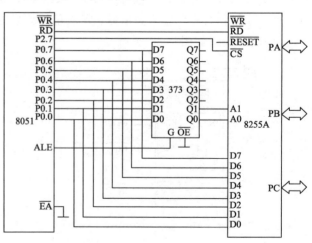

图 7.22　8051 单片机和 8255A 的接口电路

8255A 初始化程序如下：

```
#include<reg51.h>
void    main(void)
{
    unsigned char xdata *dptr;
    unsigned char i;
    while(1)
    {
    ...
    }
}
```

7.5   8 段 LED 数码显示技术

7.5.1   LED 数码管工作原理

LED 数码管在电子产品中的应用极其广泛，比如万用表、转速表、电子表等。LED 数码管的作用主要是显示单片机的输出数据、状态等，因而，作为外围典型器件，LED 数码管显示是反映系统输出的有效器件。LED 数码管引脚为数字接口，可以很方便地和单片机系统连接；LED 数码管的体积小、质量小，并且功耗低，是一种理想的显示单片机数据输出的器件，在单片机系统中有着重要的作用。LED 数码管也是单片机应用技术中主要的输出显示部件。

LED 数码管的结构

这里主要介绍 8 段 LED 数码管的工作原理。8 段 LED 数码管又称 8 字形 LED 数码管，分为 8 段，即 a、b、c、d、e、f、g、h（或 Dp），如图 7.23 所示，其中，h 为小数点。LED 数码管常用的有 10 个引脚，每个段控对应 1 个引脚，另外 2 个引脚同为 LED 数码管的公共端，两者之间相互连通。

LED 数码管的每段就是 1 个发光二极管（LED），二极管正偏导通时，二极管发光；反之熄灭。在电路设计时，按 LED 数码管的接法不同又分为共阴极和共阳极两种。图 7.24 是 8 段 LED 数码管的共阴极和共阳极接法。

将多只 LED 数码管的阴极连在一起即为共阴极接法，而将多只 LED 数码管的阳极连在一起即为共阳极接法。以共阴极接法为例，如把阴极接地，把相应段的阳极接上电源正极，该段即会点亮。当然，LED 数码管的电流通常较小，一般均需在其回路中接限流电阻器。如对共阴极接法，假如将 b、c 段接电源正极，其他端接地或悬空，那么 b、c 段点亮，此时，LED 数码管将显示数字 1。而将 a、b、d、e、g 段都接电源正极，其他端悬空，此时 LED 数码管将显示数字 2。其他字符的显示原理类同。

上面提到 LED 数码管的工作原理就是点亮相应的段来显示所对应的字形。LED 数码管的段控制端 h～a 称为段选，其组合又称段码。通过计算机 I/O 端口对段选信号进行控制，编程时只需要通过对 I/O 端口附上相应的值便可以控制其显示数字。具体的赋值见表 7.2。

（a）外形　　　（b）引脚

图 7.23　8 段 LED
数码管外形及引脚

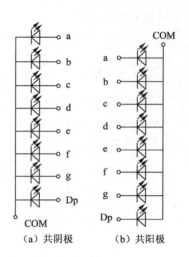

（a）共阴极　　　（b）共阳极

图 7.24　8 段 LED 数码管
的共阴极和共阳极接法

表 7.2　8 段 LED 数码管数字显示控制

显示字形	共阴极字形码	共阳极字形码	显示字形	共阴极字形码	共阳极字形码
0	3FH（0x3f）	0C0H（0xc0）	8	7FH（0x7f）	80H（0x80）
1	06H（0x06）	0F9H（0xf9）	9	6FH（0x6f）	90H（0x90）
2	5BH（0x5b）	0A4H（0xa4）	A	77H（0x77）	88H（0x88）
3	4FH（0x4f）	0B0H（0xb0）	b	7CH（0x7c）	83H（0x83）
4	66H（0x66）	99H（0x99）	C	39H（0x39）	0C6H（0xc6）
5	6DH（0x6d）	92H（0x92）	d	5EH（0x5e）	0A1H（0xa1）
6	7DH（0x7d）	82H（0x82）	E	79H（0x79）	86H（0x86）
7	07H（0x07）	0F8H（0xf8）	F	71H（0x71）	8EH（0x8e）

7.5.2　LED 数码管的典型应用

LED 数码管的显示原理分为静态与动态两种方式，对于 1 位 LED 数码管的显示来说，只要公共端接好，所显示的内容可以直接由字形码控制端驱动。

（1）静态显示驱动。静态驱动又称直流驱动。静态驱动是指每个 LED 数码管的每个段码都由 1 个单片机的 I/O 接口进行驱动，或者使用如 BCD 码二-十进制译码器译码进行驱动。静态驱动的优点是编程简单、显示亮度高，缺点是占用 I/O 接口多，如驱动 5 个 LED 数码管静态显示则需要 5×8＝40 个 I/O 接口来驱动。1 个 8051 单片机可用的 I/O 接口才 32 个，实际应用时必须增加译码驱动器进行驱动，增加了硬件电路的复杂性。

（2）动态显示驱动。在单片机控制系统中，经常都是多位显示的 LED 数码管，如果每位的段码均采用单独控制的形式，则要求主控单片机提供足够多的引脚，而对于引脚数目有限的单片机来说，这是不现实的。因此，对于多位同时显示问题，通常解决的办法是：将所有位的 a 段段控并联在一起，接到一个主控单片机的引脚上，即由一个单片机引脚实施所有位的 a 段段控。同理，所有位的段控 b、c、d、e、f、g、h 也相应地并联在一起，这样，不论外接了多少位 LED 数码管，而主控单片机只需要提供 8 个引脚即可实现所有位的显示。

由于多位的段控采用了并联驱动方式，节省了单片机的引脚，但也带来了一些问题，即如果是多位显示同一个字符，这种接法比较容易实现，但实际应用中，都是多位显示的内容是不同的，这又如何解决呢？

为了解决好多位同时显示不同内容的问题，显示系统采用了这样一种原理，即把"同时显示"用"分时显示"来代替。它的出发点有两个：一是人眼的"视觉暂留"现象；二是 LED 数码管本身的"余辉效应"。利用这两点，把各位 8 段 LED 数码管的公共端（即共阴极或共阳极）分别接到主控单片机的输出引脚上，即用主控单片机对每位 LED 数码管的公共端进行单独控制，只有当该控制线被选通时，该位才可能点亮，否则是不亮的，这种控制导线称为位控。比如若采用共阴极接法的 LED 数码管，当主控单片机对应该位的位控引脚为"0"时选通该位，为"1"时屏蔽该位。在输出显示时，主控单片机先通过位控线选通 1 位，再通过段控输出该位字形码，之后，再通过位控线选通相邻位，段控随后输出该位的字形。如此重复，直到所有位显示完毕，再回到第 1 位重新再来。由于位与位之间亮灭的间隔时间均很短，再加上人眼的"视觉暂留"现象及 LED 数码管的"余辉效应"，尽管实际上各位显示器并非同时点亮，但只要扫描的速度足够快，给人的感觉就是多位同时显示不同字符。这种显示方式又称动态扫描的显示方式。

7.6　键盘接口技术

7.6.1　键盘接口技术及原理

1. 键盘的分类

键盘分为外壳、按键和电路板 3 部分。

根据按键开关结构对键盘分类，有触点式和无触点式两大类。有触点式按键开关有机械式开关、薄膜开关、导电橡胶式开关和磁簧式开关等；无触点式按键开关有电容式开关、电磁感应式开关和磁场效应式开关。有触点式键盘手感差、易磨损、故障率高；无触点式键盘手感好、使用寿命长。无论采用什么形式的按键，作用都是一个使电路接通或断开的开关。

根据键盘的按键码识别方式分类，有编码键盘和非编码键盘。编码键盘主要依靠硬件电路完成扫描、编码和传送，直接提供与按键相对应的编码信息，其特点是响应速度快，但硬件结构复杂；非编码键盘的扫描、编码和传送则是由硬件和软件来共同完成的，其响应速度不如编码键盘快，但是因为可以通过对软件的修改重新定义按键，在需要扩充键盘功能的时候很方便。

2. 键盘的工作原理

常用的非编码键盘有独立式（或线性）键盘和矩阵键盘。

独立式（或线性）键盘主要适用于小的专用键盘，上面按键不多，每个按键都占用一根单片机接口，即每个按键对应一根数据线；显然，当按键数增多时，输入计算机接口的数据线也增多，这样就受到输入线宽度的限制了。

矩阵键盘克服了独立式（或线性）键盘的上述缺点。在矩阵键盘上，其按键按行列排放，如：1 个 4×4 的矩阵键盘，共有按键 16 个，但数据输入线只有 8 根。这样可以适合按键较多的场合，因此得到了广泛的应用。

3. 按键开关抖动问题

按键是计算机系统的基本输入部件，常见的接法有上拉输入与下拉输入两种接法，如图 7.25 所示。

计算机对键的处理要解决其抖动问题，以上拉输入为例，当键未按下时，输入信号为高电平；按下时，输入信号变为低电平。由于按键是机械的弹性开关，在按下和断开的瞬间，会引起合断瞬间的输入电位不稳定，进而导致错误信号，使 CPU 产生错误的响应。按键抖动过程如图 7.26 所示。

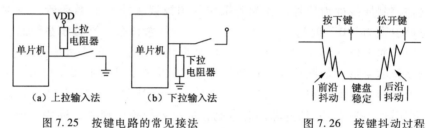

图 7.25　按键电路的常见接法　　　　图 7.26　按键抖动过程

（1）硬件去抖动。常用双稳态电路、单稳态电路和 RC 积分电路 3 种方法，它们的电路如图 7.27 所示。

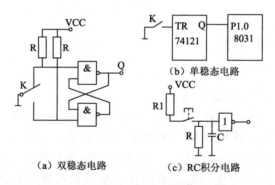

图 7.27　键盘硬件去抖动原理图

（2）软件去抖动。在首次检测到按键按下后，先执行一段延时子程序，一般为 10 ms 延时，再检测一下按键，若两次检测的结果均为按键按下，则转去处理按键操作，以达到去抖动的目的（延时再判断）。

7.6.2　独立式按键和矩阵式键盘

1. 独立式按键及其接口

独立式按键：每个按键占用 1 根单片机的 I/O 引脚，不同按键相互之间没有影响。

例 7.4　图 7.28 为 3 个按键与 8051 的连接电路，试编制按键扫描程序。

参考程序如下：

```
#include <reg51.h>
sbit K1 = P1^0;
sbit K2 = P1^1;
sbit K3 = P1^2;
void main(void)
{
    P1 = 0x7              //把 P1.0~P1.3 拉高以防输入错误
    if(K1 == 0){……}
    if(K2 == 0){……}
    if(K3 == 0){……}
}
```

2. 矩阵式键盘及其接口

矩阵式键盘：又称行列式键盘。如果由 8 个引脚提供给按键，则可构成 4×4 行列结构，可安装 16 个按键，形成 1 个键盘，如图 7.29 所示。

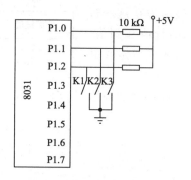

图 7.28 独立式按键电路图

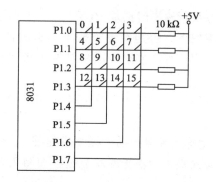

图 7.29 矩阵式键盘

矩阵式键盘的结构显然比独立式按键要复杂一些，识别也要复杂一些，图 7.29 中，行线通过电阻器接正电源，并将列线所接的单片机的 I/O 接口作为输出端，而行线所接的 I/O 接口则作为输入。这样，当按键没有按下时，所有的输入行线都是高电平，代表无键按下。列线输出是低电平，一旦有按键按下，则输入行线就会被拉低，这样，通过读入输入线的状态就可得知是否有按键按下了。具体的识别及编程方法如下所述：

矩阵式键盘的按键识别方法。确定矩阵式键盘上何键被按下，可采用"行扫描法"。

行扫描法又称逐行（或列）扫描查询法，是一种最常用的按键识别方法，如图 7.29 所示键盘，介绍过程如下：

判断键盘中有无键按下，可将全部列线 X0~X3 置低电平，然后检测行线的状态。只要有一行的电平为低，则表示键盘中有键被按下，而且闭合的键位于低电平行线与 4 根列线相交叉的 4 个按键之中。若所有行线均为高电平，则键盘中无键按下。

判断闭合按键所在的位置：在确认有键按下后，即可进入确定具体闭合按键的过程。其方法是：依次将其中列线置为低电平，即在置某根列线为低电平时，其他线为高电平。然后逐行检测各行线的电平状态。若某行为低电平，则该行线与置为低电平的列线交叉处的按键就是闭合按键。

下面给出一个具体的例子：

如图 7.29 所示，8031 单片机的 P1 口用作键盘 I/O 接口，键盘的行线接到 P1 口的低 4 位，键盘的列线接到 P1 口的高 4 位。行线 P1.0～P1.3 分别接有 4 个上拉电阻器到正电源 +5 V，并把行线 P1.0～P1.3 设置为输入线，列线 P1.4～P.17 设置为输出线。4 根行线和 4 根列线形成 16 个相交点。

检测当前是否有键按下。检测的方法是 P1.4～P1.7 输出全"0"，读取 P1.0～P1.3 的状态，若 P1.0～P1.3 为全"1"，则无键按下，否则有键按下。

去除键抖动：当检测到有键按下后，延时一段时间再做下一步的检测判断。

若有键按下，应识别出是哪一个键按下。方法是对键盘的列线进行扫描。P1.4～P1.7 按下述 4 种组合依次输出：

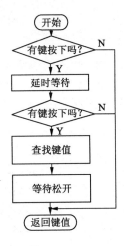

图 7.30　矩阵式键盘
扫描子程序流程图

P1.7：1 1 1 0；

P1.6：1 1 0 1；

P1.5：1 0 1 1；

P1.4：0 1 1 1。

在每组行输出时读取 P1.0～P1.3，若全为 1，则表示为 0 这一行没有键被按下，否则有键被按下。由此得到被按下键的行值和列值，然后可采用计算法或查表法将被按下键的行值和列值转换成所定义的键值。

为了保证键每按下一次 CPU 仅作一次处理，必须去除键释放时的抖动。

3. 矩阵式键盘扫描子程序流程图

矩阵式键盘扫描子程序流程图如图 7.30 所示。

7.7　技 能 实 训

【实训 9】　多个灯的智能控制

实训目的

（1）学习单片机系统中并行 I/O 接口的使用方法。

（2）学会利用单片机并行接口进行简单的输入/输出操作。

实训内容

利用单片机的 P2 口的 P2.7 及 P2.6 完成按键输入，采用上拉输入法，并利用 P2.1 及 P2.0 实现输出操作，并掌握上、下拉输入电路的设计方法。

实训步骤

（1）参考电路，如图 7.31 所示。

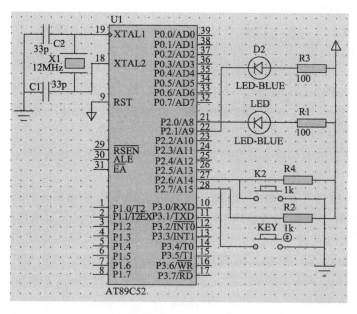

图 7.31　输入输出控制电路

（2）参考程序，具体如下：

```c
#include"stdio.h"
#include"reg51.h"
unsigned char scan,i,ch,KeyVal;
sbit P2_0 = P2^0;
sbit P2_1 = P2^1;
sbit P2_6 = P2^6;
sbit P2_7 = P2^7;
void main(void)
{
    while(1)
    {
        P2_6 = P2_0;
        P2_7 = P2_1;
    }
}
```

扫一扫●⋯⋯

实训 9
Keil

扫一扫●⋯⋯

实训 9
Proteus

（3）用 Keil 软件完成如下操作：

① 建立工程文件。执行 Project→New Project 命令，选择单片机型号 89C51，保存到个人文件夹中。

② 建立源文件。执行 File→New 命令，输入源程序，以扩展名 ".c" 形式保存到个人文件夹中。

③ 加载源文件。右击工程管理器中的 Target 1 文件夹下的 Source Group 1 文件夹后，在弹出的快捷菜单中选择 "增加文件到组 'Source Group 1'" 命令，加载保存到个人文件夹中

的源文件。输入源程序。

④ 进行编译和连接。执行 Project→Build Target 命令，完成编译。设置编译环境并生成".HEX"目标文件。

（4）用 Proteus 7 Professional 软件完成如下操作：

① 从 Proteus 7 Professional 元件库中选取元器件。AT89C51（单片机）、BUTTON（按键）、LED-RED（发光二极管）、MINRES1R（电阻元件）、CAP（电容元件）、CRYSTAL（晶振）。

② 放置元器件、电源和地，按参考电路图 7.31 所示连线，没有连线的引脚用网络标号代替。

③ 设置元器件属性并进行电气检测。先右击，再单击各元器件，按参考电路图所示，设置元器件的属性值。执行 Tools→Electrical Rules Check 命令，完成电气检测。

④ 加载目标代码文件。先右击，再单击单片机 AT89C51，单击弹出的 Edit Component 对话框中 Program File 栏的打开按钮，在 Select File Name 对话框中找到 Keil 软件编译生成的 HEX 文件，单击 Open 按钮，完成添加文件；将 Clock Frequency 栏中的频率设为 12 MHz。

⑤ 单击仿真启动按钮，全速运行程序。

⑥ 观察并记录发光二极管的亮灭随按键的变化规律。

分析与思考

（1）如果加载程序，会有什么现象？如何修改程序以恢复正常？

（2）修改程序，按键按下一次点亮，再按一次熄灭。

（3）修改程序，将 Key 键作为 K2 的锁定/解锁键，即按一次 Key，锁定 K2，再按一次 Key，解锁 K2，而 K2 是实现灯亮灭的一般控制键，即 K2 按下灯亮，K2 松开灯灭。

扫一扫

实训 10

【实训 10】 8255A 扩展的彩灯控制

实训目的

（1）学习在单片机系统中扩展并行 I/O 接口的方法。

（2）学习使用地址锁存器解决 8051 单片机地址/数据总线复用问题。

（3）学习 8255A 的初始化编程方法。

实训内容

以 8255A 作为 8051 单片机的扩展接口，设计通过 8255A 上的按键实现 8255A 上的彩色 LED 灯亮灭的控制系统，并通过 Keil 软件进行软件设计，最后用 Proteus 7 Professional 完成系统调试。

实训步骤

（1）接口及存储器扩展的基本问题。选择芯片的方法：片选技术。一般片选连接有两种方法：线选法和译码法。本实训电路中采用的是线选法。

（2）地址锁存器 74LS373，如图 7.32
所示。

（3）实训电路。所需元件：AT89C51
（单片机），74LS373（锁存器），8255A（扩
展口），NOT（非门），LED（红、绿、黄、
蓝色发光二极管各 1 种）。8255A 扩展系统原
理图如图 7.33 所示。

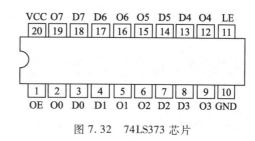

图 7.32　74LS373 芯片

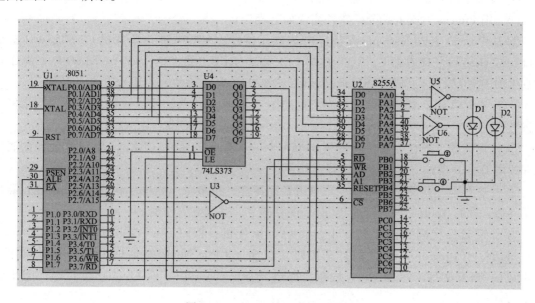

图 7.33　8255A 扩展系统原理图

（4）参考程序，具体如下：

```c
#include < reg51.h >
void main(void)
{
    unsigned  char  xdata  *dptr;
    unsigned  char  a;
    dptr = 0x8003;          //1000 0000 0000 0011
    *dptr = 0x82;           //1000 0010
    while(1)
    {
        dptr = 0x8001;      //1000 0000 0000 0001
        a = *dptr;
        dptr = 0x8000;      //1000 0000 0000 0000
        *dptr = a;
    }
}
```

（5）用 Keil 软件完成如下操作：

① 建立工程文件。执行 Project→New Project 命令，选择单片机型号 89C51，保存到个人文件夹中。

② 建立源文件。执行 File→New 命令，输入源程序，以扩展名"．c"形式保存到个人文件夹中。

③ 加载源文件。右击工程管理器中的 Target 1 文件夹下的 Source Group 1 文件夹后，弹出菜单的"增加文件到组'Source Group 1'"，加载保存到个人文件夹中的源文件。

④ 输入上述 C 语言程序，进行编译和连接。并生成"．HEX"目标文件。

（6）用 Proteus 7 Professional 软件完成如下操作：

① 从 Proteus 7 Professional 元件库中选取元器件。AT89C51（单片机）、8255A（扩展接口）、74LS373（锁存器）、NOT（非门）、LED-RED（红灯）、LED-YELLOW（黄灯）、LED-GREEN（绿灯）、LED-BLUE（蓝灯）、CAP（电容元件）、CRYSTAL（晶振）。

② 放置元器件、电源和地，按参考电路图 7.33 所示连线，没有连线的引脚用网络标号代替。

③ 设置元器件属性，即将连接到 8255A 上的所有电阻元件（RES）及 LED 元件的属性全部改成 Digital 模式，否则会出现运行错误。

④ 并进行电气检测。先右击，再单击各元器件，按参考电路图 7.33 所示，设置元器件的属性值。执行 Tools→Electrical Rules Check 命令，完成电气检测。

⑤ 加载目标代码文件。先右击，再单击单片机 AT89C51，单击弹出的 Edit Component 对话框中 Program File 栏的打开按钮，在 Select File Name 对话框中找到 Keil 软件编译生成的 HEX 文件，单击 Open 按钮，完成添加文件；将 Clock Frequency 栏中的频率设为 12 MHz。

⑥ 单击仿真启动按钮，全速运行程序。

⑦ 观察并记录各灯的变化规律。

📖 分析与思考

（1）分析实训电路图中 74LS373 的作用。

（2）分析 8255A 的地址总线与数据总线分别是通过哪个器件驱动的。

（3）若要将 8255A 的 PA 口地址改为 4000H，则系统电路应如何接线？

（4）若要实现 K1 控制 D8，K2 控制 D7，K3 控制 D6，……，K8 控制 D1，如何修改程序？

（5）若要将 8255A 的 PA 口设为输入，PB 口设为输出，则如何用程序实现 8255A 的初始化设置？

【实训 11】 8 段 LED 数码管的显示控制

💻 实训目的

（1）学习 8 段 LED 数码显示的基本原理及应用。

（2）学会利用单片机并行接口驱动 1 位数码显示的基本方法。

···· 扫一扫

实训 11
Keil &
Proteus

实训内容

利用单片机的定时器中断对显示内容进行周期性加1操作，并通过 P2 口输出对应数字的字形码（即段码），使 1 位 LED 数码管的显示内容呈 0 ~ 9 的周期性变化。

实训步骤

（1）参考电路，如图 7.34 所示。

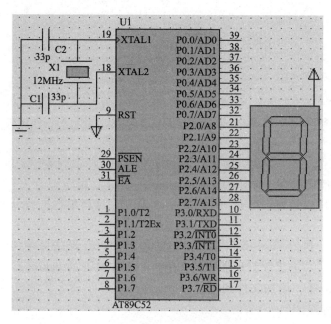

图 7.34　8 段 LED 数码管的显示电路

（2）参考程序，具体如下：

```
#include < reg51. h >
intk,m;                              //定义中断计数器 k 及秒变量 m
unsigned char disptb[] = {0xc0,0xf9,0xa4,0xb0,0x99,0x92,0x82,0xf8,0x80, 0x90};
void t0int(void) interrupt 1
{
    TH0 = (65536-50000)/256;
    TL0 = (65536-50000)%256;
    k ++;
    if(k = =20)                      //20*50ms =1s
    {
        m ++;                        //秒加 1
        k =0;                        //计数器清零
    }
    if(m = =10)
    {
```

```
        m = 0;
    }
}
void main(void)
{
    TMOD = 0x01;//0000 0001            //(方式1:16位长度,定时方式,软件启停)
    TH0 = (65536-50000)/256;
    TL0 = (65536-50000)%256;
    EA = 1;
    ET0 = 1;
    TR0 = 1;
    while(1)
    {
        P2 = disptb[m];
    }
}
```

（3）用 Keil 软件完成如下操作：

① 建立工程文件。执行 Project→New Project 命令，选择单片机型号 89C51，保存到个人文件夹中。

② 建立源文件。执行 File→New 命令，以扩展名".c"形式保存到个人文件夹。

③ 加载源文件。右击工程管理器中的 Target 1 文件夹下的 Source Group 1 文件夹后，在弹出的快捷菜单中选择"增加文件到组'Source Group 1'"命令，加载保存到个人文件夹中的源文件。输入源程序。

④ 进行编译和连接。执行 Project→Build Target 命令，完成编译。设置编译环境并生成".HEX"目标文件。

（4）用 Proteus 7 Professional 软件完成如下操作：

① 从 Proteus 7 Professional 元件库中选取元器件。AT89C51（单片机）、7SEG-COM-AN-BLUE（7 段共阳极 LED 数码管）、CAP（电容元件）、CRYSTAL（晶振）。

② 放置元器件、电源和地，按参考电路图 7.34 所示连线，没有连线的引脚用网络标号代替。

③ 设置元器件属性并进行电气检测。先右击，再单击各元器件，按参考电路图所示，设置元器件的属性值。执行 Tools→Electrical Rules Check 命令，完成电气检测。

④ 加载目标代码文件。先右击，再单击单片机 AT89C51，单击弹出的 Edit Component 对话框中 Program File 栏的打开按钮，在 Select File Name 对话框中找到 Keil 软件编译生成的 HEX 文件，单击 Open 按钮，完成添加文件；将 Clock Frequency 栏中的频率设为 12 MHz。

⑤ 单击仿真启动按钮，全速运行程序。

⑥ 观察并记录 LED 数码管的变化规律。

分析与思考

如采用共阴极 LED 数码管，则如何修改系统软、硬件？

【实训 12】　6 位显示电子钟

扫一扫 ●⋯⋯

实训 12
Keil &
Proteus

● ⋯⋯⋯

实训目的

（1）学习多位数码动态扫描的显示原理及应用。
（2）学会利用单片机设计电子钟程序。

实训内容

在实训 11 基础上，通过添加相应的软件及硬件资源，使其能显示出电子钟的 24 h 走时，并能周期性变化。

实训步骤

（1）参考电路，如图 7.35 所示。

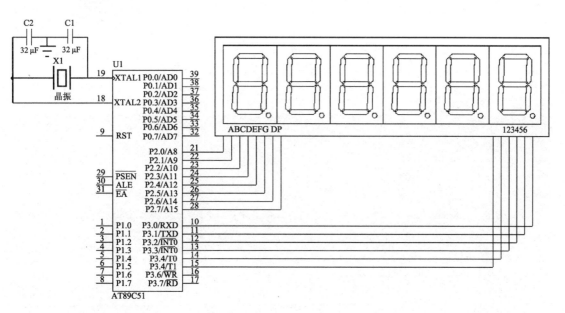

图 7.35　电子钟参考电路

（2）参考程序，具体如下：

```c
#include < reg51.h >
int k,m,f,s;                            //在秒变量 m 的基础上增加时、分的变量 s 和 f
unsigned char disptb[]={0xc0,0xf9,0xa4,0xb0,0x99,0x92,0x82,0xf8,0x80,0x90};
void t0int(void) interrupt 1
{
```

```
        TH0 = (65536-50000)/256;
        TL0 = (65536-50000)%256;
        k ++;
        if(k = =20)                        //20*50 =1s
        {
            m ++;                          //秒加1
            k = 0;                         //中断计数器清零
        }
        if(m = =60)
        {
            f ++;                          //分加1
            m = 0;                         //秒清零
        }
        if(f = =60)
        {
            s ++;                          //时加1
            f = 0;                         //分清零
        }
        if(s = =24)
        {
            s = 0;                         //时清零
        }
    }
    delay()                                //延时函数,用于位与位之间的间隔时间
    {
        unsigned char i;
        for(i = 0;i < 250;i ++);
    }
    display(char n,char *p)                //扫描显示函数,参数n指定总位数,*p为显示缓冲区
    {
        char i;
        for(i = 0;i < n;i ++)
        {
            P3 = 1 < < i;
            P2 = disptb[p[i]];
            delay();
        }
    }
    void main(void)
    {
        unsigned char wei[6];
        TMOD = 0x01;//0000 0001            //(方式1:16位长度,定时方式,软件启/停)
```

```
    TH0 = (65536-50000)/256;              //中断周期是50ms
    TL0 = (65536-50000)%256;
    EA = 1;
    ET0 = 1;
    TR0 = 1;
    while(1)
    {
        wei[0] = m%10;                    //取秒的个位
        wei[1] = m/10;                    //取秒的十位
        wei[2] = f%10;                    //取分的个位
        wei[3] = f/10;                    //取分的十位
        wei[4] = s%10;                    //取时的个位
        wei[5] = s/10;                    //取时的十位
        display(6,wei);
    }
}
```

（3）用 Keil 软件完成如下操作：

① 建立工程文件。Project→New Project 新建工程，选择单片机型号 89C51，取名为 "DZZ" 保存到个人文件夹中。

② 建立源文件。执行 File→New 命令，以名 DZZ.C 保存到当前工程文件夹中。

③ 加载源文件。右击工程管理器中的 Target 1 文件夹下的 Source Group 1 文件夹后，在弹出的快捷菜单中选择 "增加文件到组 'Source Group 1'" 命令，加载 DZZ.C 文件。在文件中输入给出的源程序。

④ 进行编译和连接。执行 Project→Build Target 命令，完成编译。设置编译环境并生成 ".HEX" 目标文件。

（4）用 Proteus 7 Professional 软件完成如下操作：

① 从 Proteus 7 Professional 元件库中选取元器件。AT89C51（单片机）、7SEG-MPX6-CA（6 位共阳极 LED 数码管）、CAP（电容元件）、CRYSTAL（晶振）。

② 放置元器件、电源和地，按参考电路图 7.35 所示连线，没有连线的引脚用网络标号代替。

③ 设置元器件属性并进行电气检测。先右击，再单击各元器件，按参考电路图 7.35 所示，设置元器件的属性值。执行 Tools→Electrical Rules Check 命令，完成电气检测。

④ 加载目标代码文件。先右击，再单击单片机 AT89C51，单击弹出的 Edit Component 对话框中 Program File 栏的打开按钮，在 Select File Name 对话框中找到 Keil 软件编译生成的 HEX 文件，单击 Open 按钮，完成添加文件；将 Clock Frequency 栏中的频率设为 12 MHz。

⑤ 单击仿真启动按钮，全速运行程序。

⑥ 观察并记录 LED 数码管的变化规律。

分析与思考

如采用共阴极 LED 数码管，如何修改系统软、硬件？

·······●扫一扫

实训 13

【实训 13】 LED 数码管动态显示的串行驱动

实训目的

（1）学习单片机系统中并行 I/O 接口的使用方法。

（2）学习利用中断技术实现定时及 C 语言的编程方法。

实训内容

设计多位数码显示的电路连接方法，并通过汇编语言编写主程序及定时器初始化及中断程序，并通过 8 位 LED 数码管显示计数结果。

现用 2 个串行通信口线加上 2 根普通 I/O 接口线，设计 1 个 4 位 LED 数码管显示电路。

实训步骤

（1）串行接口与并行接口的转换用芯片 74HC595。74HC595 是美国国家半导体公司生产的通用移位寄存器芯片。并行输出端具有输出锁存功能。与单片机连接简单方便，只需要 3 个 I/O 接口即可。而且通过芯片的 Q7 引脚和 SER 引脚，可以级联。而且价格低廉，每片单价为 1.5 元左右。

8 位串行 I/O 或者并行输出移位寄存器，具有三态特性，8 位串行输入，8 位串行或并行输出，存储状态寄存器。可以完成串行到并行的数据转换。

74HC595 的移位寄存器和存储器是由不同的时钟控制的。74HC595 芯片引脚图如图 7.36 所示。

74HC595 芯片的引脚说明，见表 7.3。

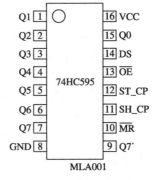

图 7.36　74HC595 芯片

表 7.3　74HC595 芯片的引脚说明

符　号	引　脚	描　述	符　号	引　脚	描　述
Q0 ~ Q7	15，1 ~ 7	并行数据输出	ST_ CP	12	存储寄存器时钟输入
GND	8	地	$\overline{OE}$	13	输出有效（低电平）
Q7′	9	串行数据输出	DS	14	串行数据输入
$\overline{MR}$	10	主复位（低电平）	VCC	16	电源
SH_ CP	11	移位寄存器时钟输入	ST_ CP	12	存储寄存器时钟输入

当 $\overline{MR}$ 为高电平，$\overline{OE}$ 为低电平时，数据在 SH_ CP 的上升沿输入，在 ST_ CP 的上升沿进入存储寄存器中去，移位寄存器有 1 个串行移位输入（DS），1 个串行输出（Q7′），1 个异步的低电平复位，存储寄存器有一个并行 8 位的，具备三态的总线输出，当使能 OE 时（为低电平），存储寄存器的数据输出到总线。

Q7′在经过 8 个 SH_ CP 后将第 1 个串行输入位输出。

由于 74HC595 具有锁存功能，而且串行输入段选码需要一定时间，因此，不需要延时，即可形成视觉暂留效果。

（2）硬件电路。图 7.37 所示为串行驱动的 LED 数码管动态扫描显示电路，对于 8051 单片机，采用廉价易得的 74HC595 和 74LS138 作为扩展芯片。74HC595 是 1 个 8 位串入并出的移位寄存器，其功能是将 8051 串行通信口输出的串行数据译码并在其并口线上输出，从而驱动 LED 数码管。74LS138 是 1 个 3 线-8 线译码器，它将单片机输出的地址信号译码后动态驱动相应的 LED 数码管。但 74LS138 电流驱动能力较小，为此，使用了反相驱动接口作为位选通控制。

将 4 只 LED 数码管的段位都连在一起，它们的公共端则由 74LS138 分时选通，这样任何一个时刻，都只有 1 位 LED 点亮，也即动态扫描显示方式。

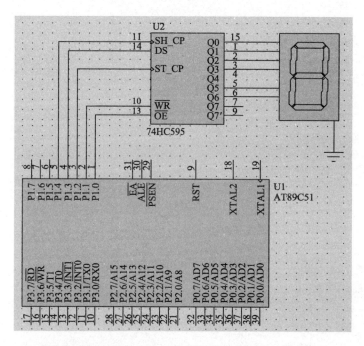

图 7.37 串行驱动的 LED 数码管动态扫描显示电路

（3）参考程序，具体如下：

```
#include <reg51.h>                  //51 芯片引脚定义头文件
#include <intrins.h>                //内部包含延时函数 _nop_();
#define uchar unsigned char
#define uint unsigned int
uchar code DAT[10]={0x3F,0x06,0x5B,0x4F,0x66,0x6D,0x7D,0x07,0x7F,0x6F};
                                    //共阴码
sbit HC595_sRCLR = P1^1;            //清空移位寄存器
sbit HC595_sRCLK = P1^4;            //寄存器输出时钟
sbit HC595_RCLK = P1^2;             //移位时钟
sbit HC595_OE = P1^0;               //并行输出使能
sbit HC595_sER = P1^3;              //串行数据
uchar temp;
```

```
/*延时子程序*/
void delay(int ms)
{
    int k;
    while(ms--)
    {
        for(k=0; k<250; k++)
        {
            _nop_();
            _nop_();
            _nop_();
            _nop_();
        }
    }
}
/*将显示数据送入74HC595内部移位寄存器*/
void WR_595(void)
{
    uchar j;
    for (j=0;j<8;j++)
    {
        temp=temp<<1;
        HC595_sER=CY;
        HC595_sRCLK=1;                          //上升沿发生移位
        _nop_();
        _nop_();
        HC595_sRCLK=0;
    }
}
/*将移位寄存器内的数据锁存到输出寄存器并显示*/
void OUT_595(void)
{
    HC595_RCLK=0;
    _nop_();
    _nop_();
    HC595_RCLK=1;                               //上升沿将数据送到输出锁存器
    _nop_();
    _nop_();
    _nop_();
    HC595_RCLK=0;
}
```

```
/************主程序***************************/
main()
{                                      //以下为输出位初始化
    HC595_OE = 1;                      //并行输出为高阻状态
    _nop_();
    _nop_();
    HC595_sRCLR = 0;                   //清空移位寄存器
    _nop_();
    HC595_sER = 0;                     //清0
    _nop_();
    _nop_();
    HC595_RCLK = 0;                    //移位时钟初始为低电平
    _nop_();
    HC595_sRCLK = 0;                   //寄存器时钟初始为低电平
    _nop_();
    HC595_OE = 0;                      //允许并行输出
    _nop_();
    HC595_sRCLR = 1;                   //结束复位状态
                                       //循环显示 0--9
    while(1)
    {
        uchar i;
        for (i = 0; i < 10; i ++)
        {
            temp = DAT[i];             //取显示数据
            WR_595();
            OUT_595();
            delay(200);
        }
    }
}
```

（4）用 Keil 软件完成如下操作：

① 建立工程文件。执行 Project→New Project 命令，经命名后将工程保存到个人文件夹中。

② 建立源文件。执行 File→New 命令，新建名为 main. c 的文件，之后保存到个人文件夹中。

③ 加载源文件。右击工程管理器中的 Target 1 文件夹下的 Source Group 1 文件夹后，在弹出的快捷菜单中选择"增加文件到组'Source Group 1'"命令，加载保存到个人文件夹中的源文件。之后输入源程序。

④ 进行编译和连接。执行 Project→Build Target 命令，完成编译。设置编译环境并生成".HEX"目标文件。

（5）用 Proteus 7 Professional 软件完成如下操作：

① 从 Proteus 7 Professional 元件库中选取元器件。AT89C51（单片机）、74HC595（串行转并行驱动）、7SEG-MPX4-CA-BLUE（4 位共阳极 LED 数码管）、CAP（电容元件）、CRYSTAL（晶振）、NOT（反相驱动）、74LS138（位选通控制）。

② 放置元器件、电源和地，按参考电路图 7.36 所示连线，没有连线的引脚用网络标号代替。

③ 设置元器件属性并进行电气检测。先右击，再单击各元器件，按参考电路图 7.36 所示，设置元器件的属性值。执行 Tool→Electrical Rules Check 命令，完成电气检测。

④ 加载目标代码文件。先右击，再单击单片机 AT89C51，单击弹出的 Edit Component 对话框中 Program File 栏的打开按钮，在 Select File Name 对话框中找到 Keil 软件编译生成的 HEX 文件，单击 Open 按钮，完成添加文件；将 Clock Frequency 栏中的频率设为 12 MHz。

⑤ 单击仿真启动按钮，全速运行程序。

⑥ 观察并记录显示器的变化规律。

分析与思考

（1）试分析该电路中 8 段 LED 数码管的变化规律。

（2）试分析 LED 数码管动态显示的基本原理。

（3）如果改成 2 位 LED 数码显示，将如何修改硬件电路及程序？

（4）如果将显示变为递减模式，将如何修改程序？

【实训 14】 矩阵式键盘的按键识别

实训目的

（1）学习单片机系统中并行 I/O 接口的使用方法。

（2）掌握矩阵式键盘键扫描的工作原理及编程方法。

实训内容

在实训 12 的基础上，增加一个矩阵键盘，行接 P1 低 4 位，列接 P1 高 4 位，并在实训 12 程序基础上增加键扫描的子程序及主程序调用功能，并通过 6 位 LED 数码管的低 2 位将所按键值以十进制形式显示出来。

实训步骤

（1）矩阵式键盘及多位显示电路图如图 7.38 所示。

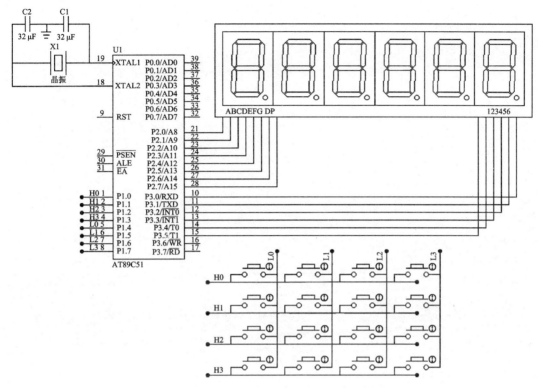

图 7.38 矩阵式键盘及多位显示电路图

（2）参考程序，具体如下：

```c
#include <reg51.h>
int k,m,f,s;                        //在秒变量m的基础上增加时、分的变量s和f,
unsigned char disptb[] = {0xc0,0xf9,0xa4,0xb0,0x99,0x92,0x82,0xf8,0x80, 0x90};
char keytb[] = {0x77,0x7b,0x7d,0x7e,0xb7,0xbb,0xbd,0xbe,
        0xd7,0xdb,0xdd,0xde,0xe7,0xeb,0xed,0xee};
                                    //键的特征值
void t0int(void) interrupt 1
{
    TH0 = (65536-50000)/256;
    TL0 = (65536-50000)%256;
    k++;
    if(k==20)                       //20*50=1s
    {
        m++;                        //秒加1
        k=0;                        //中断计数器清0
    }
    if(m==60)
    {
        f++;                        //分加1
        m=0;                        //秒清0
```

```
        }
        if(f = = 60)
        {
            s ++;                           //时加 1
            f = 0;                          //分清 0
        }
        if(s = = 24)
        {
            s = 0;                          //时清 0
        }
    }
    delay()                                 //延时函数,用于位与位之间的间隔时间
    {
        unsigned char i;
        for(i = 0;i < 250;i ++);
    }
    display(char n,char *p)                 //扫描显示函数,参数 n 指定总位数,*p 为显示缓冲区
    {
        char i;
        for(i = 0;i < n;i ++)
        {
            P3 = 1 < < i;
            P2 = disptb[p[i]];
            delay();
        }
    }
    char key_get()
    {
        char key = -1,i,j;                  //键初值为 -1,以防和 0 ~ 15 号键冲突
        for(i = 0;i < 4;i ++)               //逐行扫描
        {
            P1 = ~ (1 < < i);               //只有一行为低电平
            for(j = 0;j < 16;j ++)          //找 16 个键的特征值
            {
                if(P1 = = keytb[j]){key = j;break;}     //找到并记录键值后终止查找
            }
        }
        return key;
    }
    void main(void)
    {
        unsigned char wei[6];
```

```
char keyval,keyzhi;
TMOD = 0x01;//0000 0001                         //(方式 1:16 位长度,定时方式,软件启/停)
TH0 = (65536-50000)/256;                         //中断周期是 50ms
TL0 = (65536-50000)%256;
EA = 1;
ET0 = 1;
TR0 = 1;
while(1)
{
keyval = key_get();                              //调键扫描函数
    if(keyval! =-1){keyzhi = keyval;}            //若有键按下记录键值
    wei[0] = keyzhi%10;                          //取键值的个位
    wei[1] = keyzhi/10;                          //取键值的十位
    display(6,wei);
}
}
```

（3）用 Keil 软件完成如下操作：

① 建立工程文件。执行 Project→New Project 命令，选择单片机型号 89C51，保存到个人文件夹中。

② 建立源文件。执行 File→New 命令，输入源程序，并以扩展名 ".c" 形式保存到个人文件夹中。

③ 加载源文件。右击工程管理器中的 Target 1 文件夹下的 Source Group 1 文件夹后，在弹出的快捷菜单中选择 "增加文件到组 'Source Group 1'" 命令，加载保存到个人文件夹中的源文件。输入源程序。

④ 进行编译和连接。执行 Project→Build Target 命令，完成编译。并生成 ".HEX" 目标文件。

（4）用 Proteus 7 Professional 软件完成如下操作：

① 从 Proteus 7 Professional 元件库中选取元器件。AT89C51（单片机）、7SEG-MPX6-CA（6 位共阴极 LED 数码管）、BUTTON（按键）、CAP（电容元件）、CRYSTAL（晶振）。

② 放置元器件、电源和地，按参考电路图 7.37 所示连线。

③ 设置元器件属性并进行电气检测。先右击，再单击各元器件，按参考电路图 7.37 所示，设置元器件的属性值。执行 Tools→Electrical Rules Check 命令，完成电气检测。

④ 加载目标代码文件。先右击，再单击单片机 AT89C51，单击弹出的 Edit Component 对话框中 Program File 栏的打开按钮，在 Select File Name 对话框中找到 Keil 软件编译生成的 HEX 文件，单击 Open 按钮，完成添加文件；将 Clock Frequency 栏中的频率设为 12 MHz。

⑤ 单击仿真启动按钮，全速运行程序。

⑥ 观察并记录显示随不同按键的变化规律。

扫一扫

实训 14
Keil &
Proteus

📖 分析与思考

（1）键盘的去抖动处理程序是如何添加的？

（2）修改程序实现以 "0～F" 的形式显示键值。

（3）参照实训 12 将显示改成电子钟，要求分别用 0、1、2 号键调电子钟的十、分、秒，按一次加 1，试着修改程序完成任务要求。

习　题

一、填空题

1. 8051 单片机有（　　）个并行 I/O 接口，一般由输出转输入时必须先写入（　　）。

2. 设计 8031 系统时，（　　）口不能用作一般 I/O 接口。

3. 当使用慢速外围设备时，最佳的传输方式是（　　）。

4. 在单片机的 4 个并行接口中，具有第二功能的接口是（　　）。

5. 单片机的并行接口在系统默认状态下的值为（　　）。

二、选择题

1. 使用 8255 可以扩展出的 I/O 接口线是（　　）。

　　A. 16 根　　　　　　B. 24 根　　　　　　C. 22 根　　　　　　D. 32 根

2. 当使用快速外围设备时，最好使用的输入/输出方式是（　　）。

　　A. 中断　　　　　　B. 有条件传送　　　　C. DMA　　　　　　D. 无条件传送

3. 8051 单片机的并行 I/O 接口信息有两种读取方法：一种是读引脚；另一种是（　　）。

　　A. 读锁存器　　　　B. 读数据库　　　　　C. 读累加器　　　　D. 读 CPU

4. 8051 单片机的并行 I/O 接口 "读—修改—写" 操作，是针对该口的（　　）。

　　A. 引脚　　　　　　B. 片选信号　　　　　C. 地址线　　　　　D. 内部锁存器

三、判断题

1. 8255A 内部有 3 个 8 位并行接口，即端口 A、端口 B、端口 C。　　　　　　　（　　）

2. 8255A 的复位引脚可与 80C51 的复位引脚直接相连。　　　　　　　　　　　（　　）

3. 为了去除按键的抖动，常用的方法有硬件和软件两种方法。　　　　　　　　（　　）

4. 8051 单片机有 4 个并行 I/O 接口，其中 P0 口和 P1 口一般用于扩展系统地址总线。

　　　　　　　　　　　　　　　　　　　　　　　　　　　　　　　　　　（　　）

四、简答题

1. 简述可编程并行接口 8255A 的内部结构。

2. 为什么当系统接有外部程序存储器时，P2 口不能再作 I/O 接口使用？

3. 8255 有几种工作方式？试说明其每种工作方式的意义。

4. 设计一个 2×2 行列式键盘电路并编写键盘扫描子程序。

第 8 章 串行通信

学习目标:

本章主要介绍了8051单片机串行I/O接口的工作原理及基本应用。通过对本章内容的学习，学生可了解串行通信的基本概念、类型及帧的概念，熟悉几种典型的串行接口芯片的原理及应用，掌握简单的单片机串行通信系统设计。

知识点:

(1) 8051单片机串行通信的工作方式；

(2) 串行通信的相关特殊功能寄存器；

(3) 双机通信及多机通信的通信机制及其应用；

(4) 串行接口的扩展技术。

8.1 串行通信的基本概念

8.1.1 并行通信和串行通信

一个单片机系统与外围设备或其他系统交换信息的方式称为通信。实现通信的方式基本上有两种：一种是并行通信，另一种是串行通信。这两种通信方式的电路连接如图8.1所示。

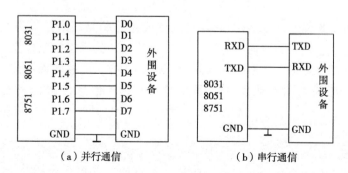

(a) 并行通信　　　　　　　(b) 串行通信

图 8.1　并行通信与串行通信的电路连接

1. 并行通信

并行通信是数据的各位同时送出。并行通信方式将组成一个数据的每个二进制位同时送出，例如1个8位二进制数（即1字节），通过1个由8根导线组成的并行传送通道，一次性全部传送完毕。并行通信的传送方式，传送速度快，但由于需要的传送导线太多，且在数据信号调制处理上比较困难，对于远距离通信成本要求太高，所以只适用于近距离的数据传送。

2. 串行通信

串行通信是数据的各位逐位送出。串行通信方式只用一根传输导线，将组成一个数据的每个二进制位按先后顺序逐位传送。由于一根导线在同一时刻只能有一种电平出现，即一个二进制位占据整根导线，所以组成一个数据的二进制位只能分时传送，绝对不能像并行通信那样一次性传送完毕，因此其传送速度相对较慢。但对于远距离通信来说，不管所传送的数据位数是多少，只要一根导线即可满足传送要求，可以节省大量成本，其优点也就更为突出。近年来，随着硬件技术的不断进步，串行通信的传送速度也有了很大的提高，使其完全可以满足现代通信的要求，所以在现代通信领域的应用较为广泛。

8.1.2 串行通信的数据传送方向

串行通信是指甲、乙双方通过其间的单根连接线路进行数据的分位传送，通信终端设备可以是同一种类型，如计算机之间的通信；也可以是不同类型，如计算机通过电话线进行的拨号上网。根据通信双方的信息传送方向，可以把串行通信分为单工、半双工及全双工3种形式，如图8.2所示。

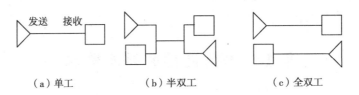

（a）单工   （b）半双工   （c）全双工

图8.2　串行通信的类型

1. 单工方式

单工方式是对通信终端而言的，一方只负责发送，另一方只负责接收，即信息传送具有单向性，如图8.2（a）所示。

2. 半双工方式

半双工方式如图8.2（b）所示。它与单工方式相同的是：通信双方之间仅有一根传输导线；不同的是：通信终端的任何一方既可以发送信息，又可以接收信息，即信息传送具有双向性。但有一点必须注意：当甲方在发送信息时，乙方只能接收而不能发送；当乙方发送信息时，甲方也只能接收而不能发送。即在同一时刻，信息传送仍具有单向性，所谓的"双向性"只能出现在不同时刻，这也是显而易见的，因为同一根导线在同一时刻只能传送一种信息。以上就是半双工方式的主要特点。

3. 全双工方式

全双工方式需要在通信终端之间连接两根传输导线，一根负责将数据从甲方送到乙方，另一根负责将数据从乙方送到甲方。因此在同一时刻，信息可以由甲方送给乙方，也可以由乙方送给甲方，即在同一时刻，信息传送具有双向性，故称为全双工。8051单片机配备了全双工的串行接口，可以同时实现信息的发送与接收，如图8.2（c）所示。

8.1.3　串行通信的工作方式

1. 同步方式

同步方式是指在传送一组数据块时，要求参与数据传送的双方必须具有相同的传送波特率，且脉冲相序要完全同步，且在这组数据块的开始位置设置一个同步信号，这个信号是一位或几位二进制字符，当传送接收方收到同步信号后，即可进行数据块的连续传送，而中间不需要任何停顿，直到传送完毕。

同步方式传送效率较高、速度快，但要求收发双方有严格的同步时钟，为了保证传送的时钟严格同步，发送方除了要传送数据外，还要把时钟信号同时传送给接收端，故对设备硬件的技术要求较高。

2. 异步方式

异步方式是指在通信过程中，其所传送的所有数据并不像同步方式那样要组成一个数据块，而是每个数据作为一个独立的单元参与信息传送，且数与数之间可以不连续。

帧的概念：帧是异步方式中一个基本的传送单元。其结构如下：

前面一位是起始位，以告诉接收方做好接收信息的准备，起始位一般为 0；紧接着是所传送数据的主体，规定低位在前、高位在后，一般是 4 位、5 位、6 位、7 位或 8 位；在主体数据之后是一位奇偶检验位（也可以是其他控制信息或不加）；最后是一位或几位停止位，停止位一般为 1 以区别于起始位。这样一帧信息主要由以上 4 部分组成。至于在具体应用中帧的长度到底是多少，主要取决于通信双方事先的约定，即通常所说的通信协议。例如：若所传送的数据为 8 位，前面加 1 位起始位，后面跟 1 位停止位和 1 位奇偶检验位，则这样的一帧信息总共是 11 位（10 位），如图 8.3 所示。

图 8.3　帧结构

8.1.4　串行通信的波特率

1. 波特率（Baud rate）

传送数据位的速率，一般指每秒传送二进制代码的位数，此时波特率与传输速率单位相同，即 bit/s。当前通信领域，对波特率的采用有一个统一的标准，国际上规定的标准波特率系列为 110 bit/s、300 bit/s、600 bit/s、1 200 bit/s、1 800 bit/s、2 400 bit/s、4 800 bit/s、9 600 bit/s、19 200 bit/s（若采用 RS-422、RS-423、RS-485 标准，最高可达 2 Mbit/s），用户在实际应用中可以从中选取其中一种作为自己设备的波特率。

2. 通用异步接收/发送器（UART）

用于数据串、并转换的串行接口电路，包括串行化电路（发送器）、并行化电路（接收器）、控制电路 3 部分。

8.2　8051 单片机的串行接口

8051 单片机有一对全双工的串行接口［RXD（P3.0）、TXD（P3.1）］，能同时进行发送和接收。既可作 UART 使用，也可作同步移位寄存器使用，还可用于网络通信，其帧格式可有 8 位、10 位和 11 位，并能设置各种波特率。

8.2.1　串行接口的结构

8051 单片机的串行接口主要由 2 个物理上独立的串行数据缓冲器 SBUF、输入移位寄存器和控制器等组成，其中接收 SBUF 只能读，发送 SBUF 只能写。还有 2 个 SFR 寄存器 SCON 和 PCON，用于串行接口的初始化编程。

8051 单片机的串行接口结构如图 8.4 所示。

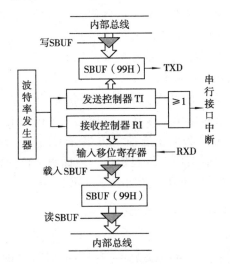

图 8.4　8051 单片机的串行接口结构

串行接口的发送和接收是以 SBUF 的名义进行读或写，它们共用一个地址 99H。

发送：执行写命令 MOV SBUF，A（SBUF = 0x??;），发送完毕后使中断标志 TI 置 1。

接收：当 RI = 0，允许接收位 REN 置 1 时，即启动接收，待接收完毕，置位 RI = 1，从而向 CPU 申请中断，CPU 响应中断后，执行读命令 MOV A，SBUF（a = SBUF;）时，即可从接收 SBUF 取出信息并送 CPU。

8.2.2　串行通信所用的专用寄存器

1. 串行接口控制寄存器 SCON(98H)

SCON 用于存放串行接口的控制和状态信息，PCON 用于改变串行接口的通信波特率，波特率发生器可由定时/计数器 T1 方式 2 构成（TMOD = 0x20）。

SCON 字节地址为 98H，其各位的位地址分别为 9FH～98H，见表 8.1。

表 8.1 串行接口控制寄存器 SCON

位地址	9FH	9EH	9DH	9CH	9BH	9AH	99H	98H
位名称	SM0	SM1	SM2	REN	TB8	RB8	TI	RI

对各位的说明如下：

SM0、SM1：串行方式选择位，其定义见表 8.2。

表 8.2 串行方式的选择控制

SM0 SM1	工作方式	功　能	波特率
0　0	方式 0	8 位同步方式	$f_{osc}/12$
0　1	方式 1	10 位 UART	可变（T1）
1　0	方式 2	11 位 UART	$f_{osc}/64$ 或 $f_{osc}/32$
1　1	方式 3	11 位 UART	可变

SM2：多机通信控制位，用于方式 2 和方式 3 中。在方式 2 和方式 3 处于接收方式时，若 SM2 = 1 且接收到的第 9 位数据 RB8 = 0 时，不激活 RI；若 SM2 = 1 且 RB8 = 1 时，则令 RI = 1。若 SM2 = 0，不论接收到的第 9 位 RB8 是 0 还是 1，RI 都将被置 1。在方式 1 下接收时，若 SM2 = 1，则只有收到有效的停止位后，RI 才被置 1。在方式 0 中，SM2 应为 0。

REN：串行接收允许位。它由软件置位或清 0。REN = 1 时，允许接收；REN = 0 时，禁止接收。用户可以通过 SETB 或 CLR 指令对其进行操作。

TB8：发送数据的第 9 位。在方式 2 和方式 3 中，可作为奇偶检验位。在多机通信中，可作为区别地址帧或数据帧的标志位，一般约定作地址帧的 TB8 为 1，作数据帧的 TB8 为 0。

RB8：接收数据的第 9 位，功能与 TB8 类似。

TI：发送中断标志位。在方式 0 中，发送完 8 位数据后，由硬件置位；在其他方式中，在发送完毕后由硬件置位。因此，TI 是发送完一帧数据的标志，可以用指令 JBC TI，rel 来查询是否发送结束。TI 也可作为发送完毕的中断标志位，向 CPU 申请中断，但当 CPU 响应中断后，不会自动将 TI 清 0，因此必须由软件清除 TI。

RI：接收中断标志位。在方式 0 中，接收完 8 位数据后，由硬件置位；在其他方式中，在接收停止位的中间由硬件置位。同 TI 一样，也可以通过指令 JBC RI，rel 来查询是否接收完一帧数据。RI = 1 时，也可申请中断，响应中断后，必须由软件清除 RI。

2. 电源控制寄存器 PCON（87H）

PCON 的字节地址为 87H，不可位寻址。其 D7 位 SMOD 为串行接口波特率控制位，可由软件置位或清 0。若 SMOD = 1，则使工作在方式 1、方式 2、方式 3 时的波特率加倍。

8.2.3　8051 单片机串行接口的工作方式

8051 单片机的串行接口有 4 种工作方式，通过 SCON 中的 SM1、SM0 位来决定，见表 8.2。

1. 方式 0

在方式 0 下，串行接口作同步移位寄存器用，其波特率固定为 $f_{osc}/12$。串行数据从 RXD

（P3.0）端输入或输出，同步移位脉冲由 TXD（P3.1）端送出。这种方式常用于扩展 I/O 接口。

（1）发送。当用户将数据写入串行接口发送缓冲器 SBUF 后，系统即将 8 位数据以 $f_{osc}/12$ 的波特率从 RXD 引脚输出（低位在前），发送完置 TI 为 1，请求中断。在再次发送数据之前，必须由软件对 TI 清 0。

利用方式 0 可以将 8051 串行接口与 74LS164 组合成一个串转并的输出转换接口，具体电路如图 8.5 所示。其中，74LS164 为串入并出的移位寄存器。

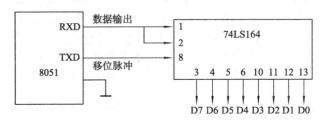

图 8.5　串转并的输出转换接口

（2）接收。在满足 REN = 1 且 RI = 0 的条件下，串行接口即开始从 RXD 端以 $f_{osc}/12$ 的波特率输入数据（低位在前），当接收完 8 位数据后，置 RI 为 1，请求中断。在再次接收数据之前，必须由软件对 RI 清 0。

同样，利用方式 0 可以将 8051 串行接口与 74LS165 组合成一个并转串的输入转换接口，具体电路如图 8.6 所示。其中，74LS165 为并入串出移位寄存器。

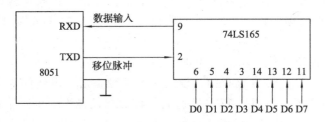

图 8.6　并转串的输入转换接口

SCON 中的 TB8 和 RB8 在方式 0 中未用。值得注意的是，每当发送或接收完 8 位数据后，硬件会自动置 TI 或 RI 为 1，CPU 响应 TI 或 RI 中断后，系统不会自动清除中断标志位，必须由用户用软件清 0。另外，在方式 0 时，SM2 必须置为"0"。

2. 方式 1

在方式 1 中，串行接口为波特率可调的 10 位通用异步接口 UART。数据是以帧的形式进行传送的，一帧信息包括 1 位起始位 0，8 位数据位和 1 位停止位 1，共 10 位，其帧格式如图 8.7 所示。

（1）发送。发送时，数据从 TXD（P3.1）端输出，当数据写入 SBUF 后，启动发送器发送。当发送完一帧数据后，置 TI 为 1。方式 1 所传送的波特率取决于定时/计数器 T1 的溢出率和 PCON 中的 SMOD 位。

（2）接收。接收时，若 REN = 1，则允许接收，串行接口采样 RXD（P3.0），当采样由 1 到 0 跳变时，确认是起始位 0，开始接收一帧数据。当 RI = 0，且停止位为 1 或 SM2 = 0

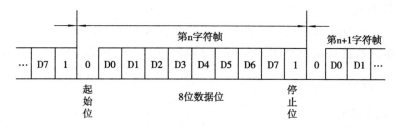

图 8.7 10 位的帧格式

时，停止位进入 RB8 位，同时置 RI 为 1；否则信息将丢失。所以，方式 1 接收时，应先用软件清除 RI 或 SM2。

3. 方式 2

方式 2 下，串行接口为 11 位 UART，传送波特率与 SMOD 位有关。发送或接收一帧数据包括 1 位起始位 0，8 位数据位，1 位可编程位（用于奇偶检验）和 1 位停止位 1。其帧格式如图 8.8 所示。

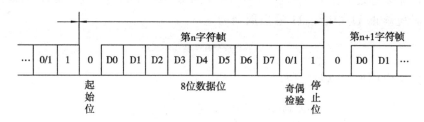

图 8.8 11 位的帧格式

（1）发送。发送时，先根据通信协议由软件设置 TB8 位，然后用指令将要发送的数据写入 SBUF，即启动发送器。写 SBUF 的指令，除了将 8 位数据送入 SBUF 外，同时还要将 TB8 装入发送移位寄存器的第 9 位，并启动发送过程。一帧信息即从 TXD 端发送，发送完毕，TI 被自动置 1，在发送下一帧信息之前，TI 必须由软件清 0。

（2）接收。当 REN = 1 时，允许串行接口接收数据。数据由 RXD 端输入。当接收器采样到 RXD 端的负跳变，并判断起始位有效后，开始接收一帧信息。当接收器接收到第 9 位数据后，若同时满足以下两个条件：RI = 0 和 SM2 = 0 或接收到的第 9 位数据为 1，则接收数据有效，8 位数据送入 SBUF，第 9 位数据送入 RB8，并置 RI 为 1。若不满足上述两个条件，则信息丢失。

4. 方式 3

方式 3 为波特率可变的 11 位 UART 通信方式，其波特率取决于定时/计数器 T1 的溢出率和 PCON 中的 SMOD 位，除此之外，方式 3 与方式 2 功能完全相同。

8.2.4 8051 单片机串行接口的波特率

在串行通信中，收发双方对传送的数据速率，即波特率有一定的约定。我们已经知道，8051 单片机的串行接口通过编程可以有 4 种工作方式。其中，方式 0 和方式 2 的波特率是固定的，方式 1 和方式 3 的波特率是可变的，由定时/计数器 T1 的溢出率决定，下面具体分析。

1. 方式 0 和方式 2

在方式 0 中，波特率为时钟频率的 1/12，即 $f_{osc}/12$，固定不变。

在方式 2 中，波特率取决于 PCON 中的 SMOD 值，当 SMOD = 0 时，波特率为 $f_{osc}/64$；当 SMOD = 1 时，波特率为 $f_{osc}/32$，即波特率 $= \dfrac{2^{SMOD}}{64} f_{osc}$。

2. 方式 1 和方式 3

在方式 1 和方式 3 中，波特率由定时/计数器 T1 的溢出率和 PCON 中的 SMOD 位共同决定，即方式 1 和方式 3 的波特率 $= 2^{SMOD} \times$ 定时/计数器 T1 溢出率/32

其中，定时/计数器 T1 的溢出率取决于单片机定时/计数器 T1 的计数速率和定时器的预置值。计数速率与 TMOD 寄存器中的 $C/\overline{T}$ 位有关。当 $C/\overline{T} = 0$ 时，计数速率为 $f_{osc}/12$；当 $C/\overline{T} = 1$ 时，计数速率为外部输入时钟频率。

实际上，当定时/计数器 T1 作波特率发生器使用时，通常是工作在方式 2，即自动重装载的 8 位定时器，此时 TL1 作计数使用，自动重装载的值在 TH1 内。设计数的预置值（初始值）为 X，那么每过 $256-X$ 个机器周期，定时器溢出一次。为了避免因溢出而产生不必要的中断，此时应禁止 T1 中断。T1 溢出周期为

$$\frac{12}{f_{osc}} (256 - X)$$

溢出率为溢出周期的倒数，所以

$$\text{波特率} = \frac{2^{SMOD}}{32} \times \frac{f_{osc}}{12 \times (256 - X)}$$

3. 常用波特率表

在串行通信中，常用波特率及设定方式见表 8.3。为了保证通信的可靠性，通常波波率相对误差不大于 2.5%，当不同机种相互之间进行通信时，要特别注意这一点。

表 8.3　常用波特率及设定方式（T1 方式 2）

晶振频率/MHz	波特率/(bit/s)	SMOD	TH1 方式 2	初值	实际波特率/(bit/s)
12.00	9 600	1	F9H	8 929	7
12.00	4 800	0	F9H	4 464	7
12.00	2 400	0	F3H	2 404	0.16
12.00	1 200	0	E6H	1 202	0.16
11.059 2	19 200	1	FDH	19 200	0
11.059 2	9 600	0	FDH	9 600	0
11.059 2	4 800	0	FAH	4 800	0
11.059 2	2 400	0	F4H	2 400	0
11.059 2	1 200	0	E8H	1 200	0

例 8.1　设串行接口外接一个串行输入设备，8051 单片机和该设备采用 11 位异步通信方式，波特率为 2 400 bit/s，晶振频率为 11.059 2 MHz，串行接口选择方式 3，定时/计数器 T1 选择方式 2，（SMOD）= 0。编制其接收程序。

解:

经定时器初值计算可得 TL1 初值为 F4H。

参考程序如下:

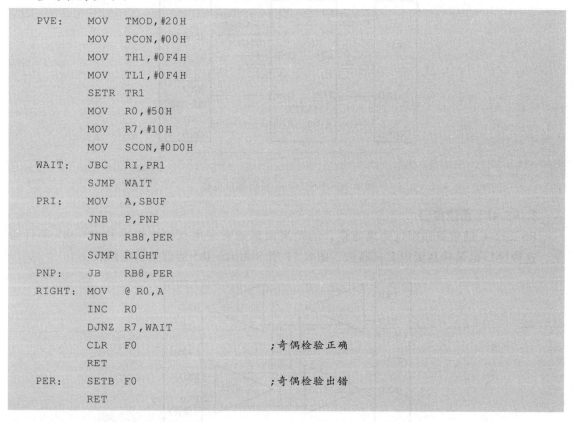

```
PVE:    MOV    TMOD,#20H
        MOV    PCON,#00H
        MOV    TH1,#0F4H
        MOV    TL1,#0F4H
        SETR   TR1
        MOV    R0,#50H
        MOV    R7,#10H
        MOV    SCON,#0D0H
WAIT:   JBC    RI,PR1
        SJMP   WAIT
PRI:    MOV    A,SBUF
        JNB    P,PNP
        JNB    RB8,PER
        SJMP   RIGHT
PNP:    JB     RB8,PER
RIGHT:  MOV    @R0,A
        INC    R0
        DJNZ   R7,WAIT
        CLR    F0             ;奇偶检验正确
        RET
PER:    SETB   F0             ;奇偶检验出错
        RET
```

8.2.5 串行通信的标准

根据单片机双机通信距离、抗干扰性等要求,可以选择 TTL 电平、RS-232-C、RS-485
等串行接口方法。

1. TTL 电平通信接口

如果两个单片机系统相距在 1 m 之内,可以把它们的串行接口直接相连,从而实现了双
机通信,如图 8.9 所示。

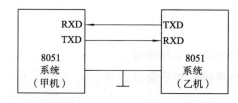

图 8.9 TTL 电平通信接口电路

2. RS-232-C 通信接口

利用 RS-232-C 标准接口实现双机通信的接口电路如图 8.10 所示。它是由芯片 MAX232
实现 PC 与 8051 单片机串行通信的典型接线图。图中外接电解电容元件 C1、C2、C3、C4 用

于电源电压变换，可提高抗干扰能力，它们可以取相同数值电容 1.0 μF/25 V。电容元件 C5 用于对 +5 V 电源的噪声干扰进行滤波，其值一般为 0.1 μF。

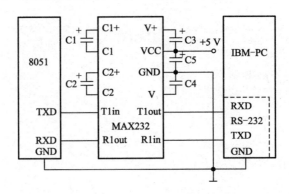

图 8.10　RS-232-C 通信接口电路

3. RS-485 通信接口

RS-232-C 通信只适用近距离通信，远距离通信通常采用双绞线传输的 RS-485 串行通信，这种接口也很容易实现多机通信。图 8.11 所示为 RS-485 通信接口电路。

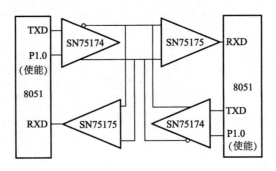

图 8.11　RS-485 通信接口电路

8.3　技 能 实 训

【实训 15】　串行接口的双机通信应用

实训目的

（1）熟悉 51 单片机串行通信的工作原理。

（2）熟悉 51 单片机串行通信的程序设计方法。

实训内容

设计一个单片机与单片机之间点对点串行通信的应用电路，要求按下发送主单片机键盘上的按键，该按键的键号通过串行异步通信传送到接收从单片机中，由接收从机驱动 8 段 LED 数码管，并将接收来的信息通过 LED 数码管显示出来。主从机之间拟采用 T1 的方式 2

进行通信。

实训步骤

（1）参考电路。单片机采用 AT89C51，系统时钟频率 $f_{osc}=6$ MHz，发送端单片机的 TXD 和 RXD 分别接接收端单片机的 RXD 和 TXD，其具体参考电路如图 8.12 所示。

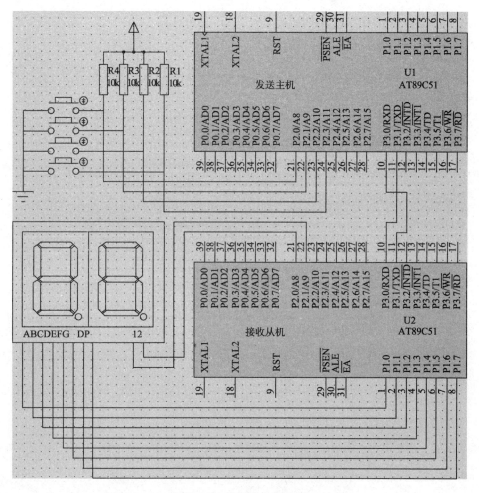

图 8.12　双机通信电路图

（2）参考程序。具体如下：

① 发送主机源程序：

```c
#include <reg51.h>
#define uchar unsigned char
#define uint unsigned int
void uart_init()
{
    TMOD = 0x20;                  //0010 0000
```

```
    TH1 = 0xFD;
    TL1 = 0xFD;
    PCON = 0x00;
    TR1 = 1;
    SCON = 0x50;                          //0101 0000
}
void delay(uint z)
{
    uint x,y;
    for(x = z;x > 0;x--)
        for(y = 125;y > 0;y--);
}
void main()
{
    uchar tst,tcd;
    uart_init();
    do
    {
        SBUF = 0x01;
        while(TI = =0);                   //等待发送结束
        TI = 0;
        while(RI = =0);
        RI = 0;
    }
    while(SBUF! =0x02);
    P2 = 0xff;
    while(1)
    {
    tst = P2;
    switch((~tst))
    {
    case 1:
    tcd = 1;
    break;
    case 2:
    tcd = 2;
    break;
    case 4:
    tcd = 3;
    break;
    case 8:
    tcd = 4;
```

```
            break;
            default:
            break;
            }
            SBUF = 0x01;
            while(TI = =0);
            TI =0;
            delay(50);
            SBUF = tcd;
            while(TI = =0);
            TI =0;
            delay(50);
        }
}
```

② 接收从机源程序：

```
#include < reg51.h >
unsigned char disptable[ ] = {0xc0,0xf9,0xa4,0xb0,0x99,0x92,0x82,0xf8,0x80,0x90};
#define uchar unsigned char
#define uint unsigned int
void uart_init()
{
    TMOD = 0x20;
    TH1 = 0xFD;
    TL1 = 0xFD;
    PCON = 0x00;
    TR1 = 1;
    SM1 = 1;
    REN = 1;
}
void main()
{
    uchar st,stt;
    uart_init();
    P2 = 0x01;
    do
    {
        SBUF = 0x02;
        while(TI = =0);
        TI =0;
        while(RI = =0);
        RI =0;
```

```
        st = SBUF;
    }
while(st! = 0x01);
while(1)
{
    while(RI = = 0);
    if(SBUF = = 1)stt ++;
    if((SBUF! = 1) ||((SBUF = = 1) && (stt = = 2)))
    {
        P1 = disptable[SBUF];
            stt = 0;
    }
    RI = 0;
    }
}
```

实训 15
Keil

实训 15
Proteus

（3）用 Keil 软件完成如下操作：

① 建立发送工程文件。执行 Project→New Project 命令，选择单片机型号，保存到个人文件夹中。

② 建立发送源文件。执行 File→New 命令，建立一 C 文件".c"，将文件保存到个人文件夹中。

③ 加载源文件。右击工程管理器中的 Target 1 文件夹下的 Source Group 1 文件夹后，在弹出的快捷菜单中选择"增加文件到组'Source Group 1'"命令，加载保存到个人文件夹中的源文件。之后输入源程序。

④ 进行编译和连接。执行 Project→Build Target 命令，完成编译。若提示出错，排除错误后重新编译。

（4）用 Proteus 7 Professional 软件完成如下操作：

① 从 Proteus 7 Professional 元件库中选取元器件。AT89C51（单片机）、CRYSTAL（晶振）、CAP（电容元件）、CAP-ELEC（电解电容元件）、3WATT10K（10 kΩ 电阻元件）、MINRES200R（200 Ω 电阻元件）MINRES5K1（5.1 kΩ 电阻元件）、7406（74LS06）、7SEG-MPX2-CA（2 位共阳极数码管）、BUTTON（按键）。

② 放置元器件、电源和地，按参考电路图 8.12 所示连线。

③ 设置元器件属性并进行电气检测。先右击，再单击各元器件，按参考电路图所示，设置元器件的属性值。执行 Tools→Electrical Rules Check 命令，完成电气检测。

④ 加载目标代码文件。先右击，再单击发送端单片机 AT89C51，在弹出的 Edit Component 对话框中 Program File 栏中单击"打开"按钮，在 Select File Name 对话框找到 Keil 软件编译生成的发送 HEX 文件，单击 Open 按钮，完成添加发送目标代码文件；将 Clock Frequency 栏中的频率设为 6 MHz。接着再对接收端单片机 AT89C51 加载接收目标代码文件。

⑤ 单击仿真启动按钮，全速运行程序。

⑥ 观察并记录 LED 上显示的数，注意观察按下按键，LED 上是否能显示相应按键的键号，即完成将发送端键盘的键号通过串行通信传送到接收端单片机上，并加以显示。

📖 **分析与思考**

（1）串行通信中波特率的设定是至关重要的，试分析本实训中波特率是如何设定的？

（2）实训中发送主单片机检测到有按键按下，把相应键号发送给接收从单片机，对于接收端而言是如何实现接收的？

（3）实训参考程序中，发送端单片机只能发送数据，而接收端单片机只能接收数据，能否将它们改成全双工工作方式，即既能发送也能接收，若可以，应如何改？

【实训 16】 8051 单片机与 PC 的通信

扫一扫 ●

实训 16

💻 **实训目的**

（1）熟悉 51 单片机与 PC 通信的工作原理。

（2）掌握 51 单片机与 PC 的通信协议设置。

📋 **实训内容**

采用 1 台单片机实现 1 台 PC 的串行通信回路，实现 51 单片机与 PC 的通信。具体要求：当按下 K1 时，单片机发送字串" welcome！www. avtc. com \n \r" 给主机并通过串行仿真窗口显示出来。

🔧 **实训步骤**

（1）参考电路。单片机采用 AT89C51，系统时钟 $f_{osc} = 12$ MHz，电路如图 8.13 所示。

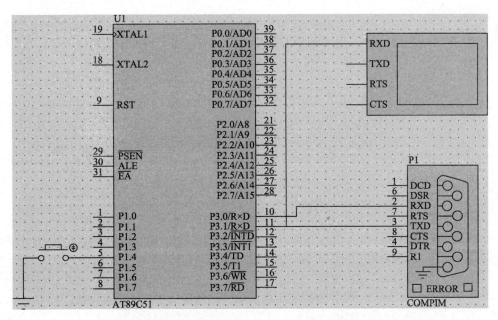

图 8.13 单片机与 PC 的通信电路图

（2）参考程序，具体如下：

```c
#include < reg51. h >
#include < intrins. h >
unsigned char key_s, key_v, tmp;
char code str[ ] = "welcome! www. avtc. cn \n \r";
void send_str();
bit scan_key();
void proc_key();
void delayms(unsigned char ms);
void send_char(unsigned char txd);
sbit K1 = P1^4;
main()
{
    TMOD = 0x20;
    TH1 = 0xFD;                          //波特率 9600
    TL1 = 0xFD;

    SCON = 0x50;                         //设定串行接口工作方式
    PCON & = 0xef;                       //波特率不倍增

    TR1 = 1;                             //启动定时/计数器 T1
    IE = 0x00;                           //禁止任何中断

    while(1)
    {
        if(scan_key())                   //扫描按键
        {
            delayms(10);                 //延时去抖动
            if(scan_key())               //再次扫描
            {
                key_v = key_s;           //保存键值
                proc_key();              //键处理
            }
        }
        if(RI)                           //是否有数据到来
        {
            RI = 0;
            tmp = SBUF;                  //暂存接收到的数据
            delayms(10);
            P0 = tmp;                    //数据传送到 P0 口
            send_char(tmp);             //回传接收到的数据
        }
```

```
    }
}
bit scan_key()                    //扫描按键
{
    key_s = 0x00;
    key_s |= K1;
    return(key_s ^ key_v);
}
void proc_key()                   //键处理
{
    if((key_v&0x01) == 0)
    {                             //K1 按下
        send_str();               //传送字串"welcome! ...
    }
}
void send_char(unsigned char txd) //传送 1 个字符
{
    SBUF = txd;
    while(!TI);                   //等待数据传送
    TI = 0;                       //清除数据传送标志
}
void send_str()                   //传送字串
{
    unsigned char i = 0;
    while(str[i]! = '\0')
    {
        SBUF = str[i];
        while(!TI);               //等待数据传送
        TI = 0;                   //清除数据传送标志
        i++;                      //下一个字符
    }
}
void delayms(unsigned char ms)    //延时子程序
{
    unsigned char i;
    while(ms--)
    {
    for(i = 0; i < 120;i ++);
  }
}
```

（3）用 Keil 软件完成以下操作：建立工程和文件，进行编译并生成目标文件。

（4）用 Proteus 7 Professional 软件完成以下操作：

① 从 Proteus 7 Professional 元件库中选取元器件。AT89C51（单片机）、RES（电阻元件）、COMPIM（串行口）、BUTTON（按键），虚拟仪器中的串行通信模块：VIRTUAL TERMINAL。

② 放置元器件、电源和地，按参考电路图 8.13 连线。

③ 设置元器件属性并进行电气检测。

④ 加载目标代码文件。先加载通信主机目标代码，再依次加载 1 号和 2 号从机目标代码。

⑤ 单击仿真启动按钮，全速运行程序。

⑥ 观察并记录两从机 LED 上的显示内容，按下"1"号键后，再按其他键时，"1"号机上会显示按下的键号；之后按下"2"号键后，再按其他键时，"2"号机上会显示按下的键号。

分析与思考

（1）串行通信中通信协议的设定是至关重要的，试分析本实训中通信协议是如何设定的？

（2）实训中通信主单片机检测到有按键按下，并通过地址寻找从机，对于接收从机而言是如何实现地址接收并确认的？

（3）实训参考程序中，通信主单片机只能发送地址，而接收从单片机也只接收地址信息，如果要继续接收数据信息，程序如何修改？

习　题

一、填空题

1. 在 8051 单片机中，用于串行通信缓冲寄存器的名称是（　　）。

2. 在串行通信中，数据传送方向分为（　　）、（　　）、（　　）3 种方式。

3. 8051 单片机串行接口有 4 种工作方式，这可在初始化程序中用软件填写特殊功能寄存器（　　）进行选择。

4. 51 单片机串行通信在方式 0 时，用于提供同步脉冲信号的引脚是（　　）。

二、选择题

1. 用 8051 单片机串行接口扩展并行 I/O 接口时，串行接口工作方式应选择（　　）。

A. 方式 0　　　　　B. 方式 1　　　　　C. 方式 2　　　　　D. 方式 3

2. 下列对 8051 单片机串行通信的中断标志位 RI 的描述正确的是（　　）。

A. 发送标志位，且由系统自动清 0

B. 发送标志位，不能由系统自动清 0

C. 接收标志位，且由系统自动清 0

D. 接收标志位，不能由系统自动清 0

3. 用于 8051 单片机串行通信的接收引脚的名称是（　　）。

A. TXD　　　　　B. RXD　　　　　C. SBUF　　　　　D. SCON

4. 用于 8051 单片机串行通信方式控制寄存器的名称是（　　）。

  A. TXD   B. RXD   C. SBUF   D. SCON

三、简答题

1. 何谓单工串行接口、半双工串行接口、全双工串行接口？

2. 串行接口异步通信为什么必须按规定的字符格式发送与接收？

3. 8051 单片机串行接口由哪些面向用户的特殊功能寄存器组成？它们各有什么作用？

4. 8051 单片机串行接口有几种工作方式？如何选择与设定？

5. 8051 单片机串行接口的 4 种方式各自的功能是什么？如何应用？

第 **9** 章　A/D及D/A转换接口

学习目标：

本章主要介绍了 8051 单片机中有关 A/D 及 D/A 转换的基本原理及典型应用。通过对本章内容的学习，学生可初步了解单片机对模拟信号的控制机理，并能够利用几种典型的 A/D 及 D/A 转换芯片进行单片机系统软件及硬件方面的系统开发。

知识点：

（1）A/D 及 D/A 转换的基本原理；

（2）ADC0809 芯片的基本原理及应用；

（3）DAC0832 芯片的基本原理及应用；

（4）其他相关芯片的基本知识。

微机应用中，常需要将检测到的连续变化的模拟量转换成离散的数字量，才能被计算机所接收和处理。然后再将计算机处理后的数字量转换成模拟量输出，以实现对过程或仪器仪表设备等的控制。将模拟量转换成数字量的器件称为模-数转换器或简称 A/D 转换器，将数字量转换成模拟量的器件则称为数-模转换器或简称 D/A 转换器。下面介绍一下 8051 单片机与 A/D、D/A 转换器接口。

9.1　D/A 转换接口

9.1.1　D/A 转换器的转换原理及主要性能指标

1. 转换原理

D/A 转换器是将数字量转换成模拟量的器件，D/A 转换器的输出是电压或电流信号。

D/A 转换器的组成有多种：脉冲调幅、调宽、梯形电阻式。采用最多的是 R-2R 梯形网络 D/A 转换器。这种 D/A 转换器由电阻网络、开关及基准电源等部分组成，有些 D/A 芯片内有锁存器。在这种网络中，有一个基准电源 V_R，二进制数的每一位对应一个电阻 2R，一个由该位二进制数值控制的双向电子开关，二进制数位数的增加或减少，电阻网络和开关的数量也相应地增加或减少。图 9.1 是 4 位 R-2R 梯形电阻网络原理图。根据此图可计算出运算放大器的输出电压为 $V_{out} = -R_{fb}/16 \times (V_{ref}/R) \times (2^3 \times D3 + 2^2 \times D2 + 2^1 \times D1 + 2^0 \times D0)$。其中，$V_{out}$ 为输出电压值，R_{fb} 为反馈电阻值，D3 ~ D0 即为输入的 4 位二进制数值。

2. 主要性能指标

在设计 D/A 转换器与单片机接口时，需根据 D/A 转换器的技术性能指标选择 D/A 转换器芯片。有关 D/A 转换器的技术性能指标很多，例如绝对精度、相对精度、线性度、输出电压范围、温度系数、输入数字代码种类（二进制或 BCD 码）、分辨率和建立时间等。下面介绍主要的技术性能指标。

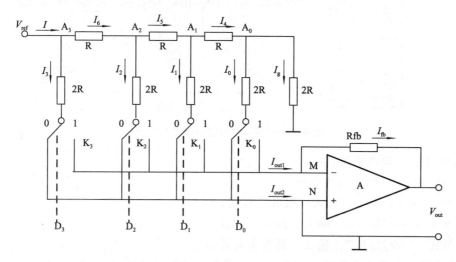

图 9.1　4 位 R-2R 梯形电阻网络原理图

（1）分辨率。分辨率是 D/A 转换器对输入量变化敏感程度的描述。D/A 转换器的分辨率定义为：当输入数字量发生单位数码变化时，即 1LSB 位产生一次变化时所对应输出模拟量的变化量。分辨率取决于位数。

（2）建立时间（转换时间）。建立时间是描述 D/A 转换速率快慢的一个重要参数。建立时间是指输入数字量变化后，模拟输出量达到终值误差 ±1LSB/2（最低有效位）时所经历的时间。根据建立时间的长短，把 D/A 转换器分成以下 5 挡。

① 超高速挡；

② 较高速挡；

③ 高速挡；

④ 中速挡；

⑤ 低速挡。

9.1.2　8 位 D/A 转换器 DAC0832

1. DAC0832 的引脚及结构

D/A 转换器按接口形式分为两类：一类不带锁存器，另一类带锁存器。对于不带锁存器的 D/A 转换器，由于转换速率跟不上 CPU，因此要在接口处加锁存器，很少用到。

DAC0832 是分辨率为 8 位的 D/A 转换器。它的片内带有两级缓冲接口，电流型输出，输出电流建立稳定时间为 1 μs，功耗为 20 mW。DAC0832 的引脚与结构框图如图 9.2 所示。

DAC0832 内部由 3 部分电路组成。"8 位输入锁存器"用于锁存 CPU 送来的数字量，由 LE1 加以控制。"8 位 DAC 寄存器"用于存放待转换数字量，由 LE2 控制，又称启动转换信号。"8 位 D/A 转换电路"由 8 位梯形电阻网络和电子开关组成，电子开关受"8 位 DAC 寄存器"控制输出，T 形电阻网络能输出和数字量成正比的电流信号。因此，DAC0832 要外接运算放大器才能转换成电压信号。

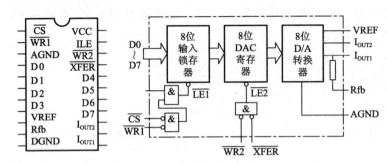

图 9.2　DAC0832 的引脚与结构框图

DAC0832 的引脚功能如下：

（1）D0 ~ D7——数据输入引脚。

（2）$\overline{CS}$——片选信号，输入，低电平有效。

（3）$\overline{WR1}$——写信号 1，输入，低电平有效。

（4）$\overline{WR2}$——写信号 2，输入，低电平有效。

（5）VREF——参考电压接线引脚，可正可负，范围为–10 ~ + 10 V。

（6）I_{OUT1} 和 I_{OUT2}——电流输出引脚。

（7）ILE——数据锁存允许信号，输入，高电平有效。

（8）$\overline{XFER}$——数据传送控制信号，输入，低电平有效。

（9）Rfb——反馈电阻引脚，片内集成的电阻为 15 kΩ。

（10）AGND、DGND——模拟地和数字地引脚。

2. DAC0832 的工作方式

（1）单缓冲方式。这种方式适用于只有 1 路模拟量输出或几路模拟量非同步输出的情形，其方法是控制数据锁存器和 DAC 寄存器同时开启，或者不用数据锁存器而把 DAC 寄存器接成直通方式。图 9.3 是 DAC0832 与 8031 单片机的单缓冲连接图。

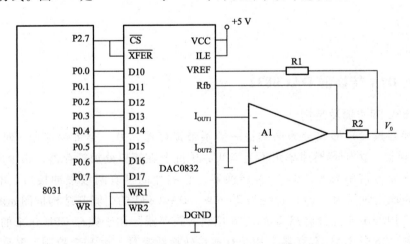

图 9.3　DAC0832 与 8031 单片机的单缓冲连接图

其中，DAC0832 的片选地址是 7FFFH，利用下列指令可将变量 a 中的数据进行 D/A 转换输出。

```
#include < reg51. h >
volatile unsigned char xdata *dptr;
dptr = 0x7ff;
*dptr = a;
```

（2）双缓冲方式。这种方式适用于多个 DAC0832 同步输出的情形，方法是先分别将转换数据输入到数据锁存器，再同时开启这些 DAC0832 的 DAC 寄存器以实现多个 D/A 转换器同步输出。图 9.4 是 DAC0832 与 8031 单片机的双缓冲连接图。

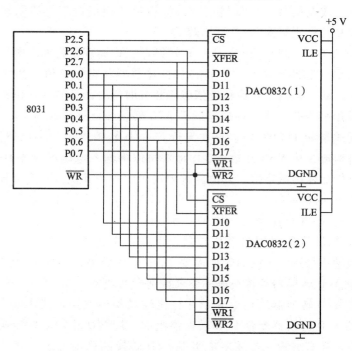

图 9.4　DAC0832 与 8031 单片机的双缓冲连接图

其中，DAC0832（1）的地址为 0DFFFH，DAC0832（2）的地址为 0BFFFH。参考程序如下：

```
#include < reg51. h >
void dac(unsigned char x, unsigned char y,)
{
    volatile unsigned char xdata *dptr;
    dptr = 0xdfff;                  //指向 DAC0832(1)
    *dptr = x;
    dptr = 0xbfff;                  //指向 DAC0832(2)
    *dptr = y;
    dptr = 0x7fff;                  //双 D/A 通道同步转换输出
    *dptr = y;
}
```

9.2　A/D 转换接口

9.2.1　A/D 转换器的转换原理及主要性能指标

1. 转换原理

A/D 转换器是将模拟量转化成数字量的器件。模拟量可以是电压、电流等电信号，也可以是声、光、压力、温度、湿度等随时间连续变化的非电的模拟量。非电的模拟量可以通过合适的传感器转换成电信号。A/D 转换器按模拟量转换成数字量的原理可分为 3 种：积分式、逐次逼近式及并行比较式/串并行比较式。

（1）积分式（如 TLC7135）。积分式 A/D 转换器工作原理是将输入电压转换成时间（脉冲宽度信号）或频率（脉冲频率），然后由定时/计数器获得数字值。其优点是用简单电路就能获得高分辨率；缺点是由于转换精度依赖于积分时间，因此转换速率极低。初期的单片 A/D 转换器大多采用积分式，现在逐次逼近式 A/D 转换器已逐步成为主流。

（2）逐次逼近式（如 TLC0831）。逐次逼近式 A/D 转换器由一个比较器和 D/A 转换器通过逐次比较逻辑构成，从 MSB 开始，顺序地对每位将输入电压与内置 D/A 转换器输出进行比较，经 n 次比较而输出数字值。其电路规模属于中等。其优点是速度较高、功耗低，在低分辨率（<12 位）时价格便宜，但高分辨率（>12 位）时价格很高。

（3）并行比较式/串并行比较式（如 TLC5510）：

并行比较式 A/D 转换器采用多个比较器，仅做一次比较而实行转换，又称 Flash（快速）型。由于转换速率极高，n 位的转换需要 $2n-1$ 个比较器，因此电路规模极大，价格很高，只适用于视频 A/D 转换器等转换速率要求特别高的领域。

串并行比较式 A/D 转换器结构上介于并行比较式和逐次逼近式之间，最典型的是由 2 个 $n/2$ 位的并行式 A/D 转换器配合 D/A 转换器组成，用两次比较实现转换，所以称为 Half flash（半快速）型。还有分成三步或多步实现 A/D 转换的称为分级（Multistep/Subranging）型 A/D 转换器，而从转换时序角度又可称为流水线（Pipelined）型 A/D 转换器，现代的分级型 A/D 转换器中还加入了对多次转换结果做数字运算而修正特性等功能。这类 A/D 转换器速度比逐次逼近式 A/D 转换器高，电路规模比并行比较式 A/D 转换器小。

2. 主要性能指标

（1）分辨率。分辨率是 A/D 转换器的输出数码变动 1LSB（二进制数码的最低有效位）时输入模拟量的最小变化量。A/D 转换器的分辨率与输出数字位数直接相关，通常采用 A/D 转换器输出数字位数来表示其分辨率。分辨率越高，转换时对输入量的微小变化的反应越灵敏。有时也用量化间隔 Δ 来表示分辨率，一个 n 位的 A/D 转换器的量化间隔 Δ 等于最大允许的模拟输入量（满度值）除以 2^n-1，即

$$\Delta = 满量程输入电压/(2^n-1)$$

例如：A/D 转换器的满量程输入电压为 5 V，分辨率为 8 位时，量化间隔 Δ 约为 20 mV。在实际应用中，该项参数可以决定被测量的最小分辨值。位数越大，分辨率越好。

（2）转换时间（或转换速率）。A/D 转换器从启动转换到转换结束（即完成一次 A/D 转换）所需的时间，可用 A/D 转换器在每秒内所能完成的转换次数，即转换速率来表示。

不同工作类型的 A/D 转换器转换速率不同。使用时需要根据要求选择不同类型的 A/D 转换器。

（3）转换误差（或精度）。转换误差是 A/D 转换结果的实际值与真实值之间的偏差，它用最低有效位数 LSB 或满度值的百分数来表示。转换误差有两种表示方法：一种是绝对误差，另一种是相对误差。

9.2.2　逐次逼近式 A/D 转换器 ADC0809

1. ADC0809 的结构

逐次逼近式 A/D 转换器是一种转换速率较快、精度较高、成本较低的转换器，其转换时间在几微秒到几百微秒之间。

ADC0809 是 8 路模拟量输入通道的 8 位逐次逼近式 A/D 转换器。由单一的 +5 V 电源供电，片内带有锁存功能的 8 选 1 的模拟开关。由 C、B、A 的编码来决定所选的输入模拟通道，其编码与对应通道的关系如表 9.1 所示。转换时间为 100 μs。转换误差为 1/2LSB。

表 9.1　ADC0809 通道地址选择表

C	B	A	对应的输入通道
0	0	0	IN0
0	0	1	IN1
0	1	0	IN2
0	1	1	IN3
1	0	0	IN4
1	0	1	IN5
1	1	0	IN6
1	1	1	IN7

图 9.5 所示为 ADC0809 的内部结构与引脚。

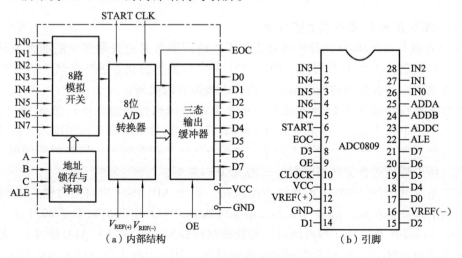

图 9.5　ADC0809 的内部结构与引脚

2. ADC0809 的引脚功能

（1）IN7 ~ IN0——模拟量输入通道。

（2）ADDA、ADDB、ADDC——模拟通道地址线，表 9.1 为 ADC0809 通道地址选择表。

（3）ALE——地址锁存信号。

（4）START——转换启动信号，高电平有效。

（5）D7 ~ D0——数据输出线。

（6）OE——输出允许信号，高电平有效（读控制）。

（7）CLK——时钟信号，最高时钟频率为 640 kHz，最常用的是 500 kHz。

（8）EOC——转换结束状态信号。上升沿后高电平有效。

（9）VCC—— + 5 V 电源。

（10）VREF（ + ）、VREF（ - ）——参考电压。

图 9.6 所示为 ADC0809 转换工作时序。其工作过程如下：ALE 的上升沿将 C、B、A 端选择的通道地址锁存到 8 位 A/D 转换器的输入端。START 的下降沿启动 8 位 A/D 转换器进行 A/D 转换，A/D 转换过程中 EOC 端输出低电平；A/D 转换结束后 EOC 输出高电平。该信号通常可作为中断申请信号。OE 为输出允许信号，OE 端为高电平时，可以读出转换的数字量。在硬件电路设计时，需要根据时序关系用软件进行取数操作。

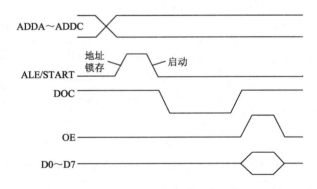

图 9.6　ADC0809 转换工作时序

3. ADC0809 在 8051 单片机上的应用

8051 单片机与 ADC0809 的接口通常根据不同的需要可采用查询和中断两种方法。查询方式是在单片机启动 A/D 转换器后，即开始对 A/D 转换器的状态进行查询，以检查 A/D 转换是否已经结束，如查询到转换已结束，则读入转换后的数据。

中断方式是在启动 A/D 转换器之后，单片机即转向执行其他程序；当 A/D 转换结束，即向单片机发出中断请求，单片机响应此中断请求后，通过中断服务程序读入转换数据，并进行必要的数据处理，然后返回到主程序。这种方法单片机无须进行转换时间的等待，CPU 的效率高，所以特别适合于转换时间较长的 A/D 转换器。

图 9.7 是 ADC0809 与 8031 单片机的连接图。由于 ADC0809 片内无时钟，可利用 8031 单片机提供的地址锁存允许信号 ALE 经 2 分频后得到，ALE 引脚的频率是 8031 单片机时钟频率的 1/6（但要注意的是，每当访问外部数据存储器时，将少一个 ALE 脉冲）。如果单片机时钟频率采用 6 MHz，则 ALE 引脚的输出频率为 1 MHz，再 2 分频后为 500 kHz，恰好符合 ADC0809 对时钟频率的要求。由于 ADC0809 具有输出 4 态锁存器，其 8 位数据输出引脚

可直接与数据总线相连。其地址引脚 A、B、C 分别与地址总线的低 3 位 A0、A1、A2 相连，用以选择模拟信号输入端 IN0 ~ IN7 中的一个通道。用 P2.0（地址总线 A8）作为片选信号，在启动 A/D 转换时，由单片机的写信号 $\overline{WR}$ 和 P2.0 控制 A/D 转换器的地址锁存和转换启动，由于 ALE 和 START 反向连在一起，因此，ADC0809 在选通模拟输入通道地址的同时，也启动了 A/D 转换器。为读取转换结果，用读信号 $\overline{RD}$ 和 P2.0 引脚经或非门后，共同产生的正脉冲作为 OE 信号，用以打开三态输出锁存器，从而将转换结果取出。

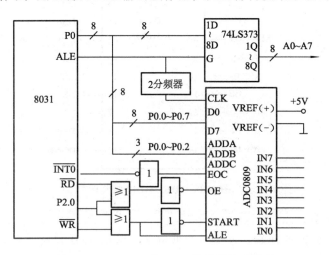

图 9.7　ADC0809 与 8031 单片机的连接图

ADC0809 与 8031 单片机的中断方式接口电路中，ADC0809 的 EOC 脚经过一非门连接到 8031 的 $\overline{INT0}$ 端。当转换结束时，EOC 发出一个脉冲向单片机提出中断申请，单片机响应中断请求，外部中断 1 的中断服务子程序读 A/D 转换结果，并启动 ADC0809 的下一个转换，外部中断 1 采用边沿触发方式。

9.2.3　AD1674 及其与 8051 单片机接口技术

AD574/AD674/AD1674 是美国 AD 公司生产的 12 位逐次逼近式 A/D 转换器系列产品，它们转换精度高、速率快，内部设有时钟电路和参考电压源，其中 AD1674 还在片内集成了采样保持器，转换速率也最快，是 AD574 和 AD674 的升级换代产品。但价格较高，适用于高精度快速采样系统中。

1. AD1674 的结构特点

（1）12 位 A/D 转换器，完成一次 12 位转换仅需 10 μs，属于高速 A/D 器件。

（2）内部集成有转换时钟，参考电压源。

（3）输入模拟电压既可以是单极性的，也可以是双极性的。单极性时为 0 ~ +10 V 或 0 ~ +20 V，双极性时为 ±5 V 或 ±10 V。

（4）内含有采样保持器。

（5）数字量输出即可以用作 8 位转换又可以用作 12 位转换。

2. AD1674 的引脚

AD1674 为 DIP28 封装结构，其引脚如图 9.8 所示。

（1）CS：片选信号端。

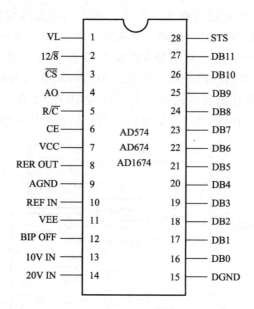

图 9.8　AD1674 DIP 封装图

（2）CE：使能端。

（3）R/$\overline{C}$：读/转换选择端。该信号为低电平时启动 A/D 转换，高电平时允许将 A/D 转换结果读出。

（4）12/$\overline{8}$：输出数据格式选择信号端。

（5）AO：字节选择转换长度控制端。有两种功能：一种功能是用于转换数据长度控制，另一种功能是在读出数据时用于输出字节选择。

（6）STS：转换状态输出端。

（7）DB0～DB11：数字量输出端。

（8）VL：逻辑电源。

（9）VCC：正电源。其范围为 +13.5 ～ +16.5 V，典型值为 +15 V。

（10）VEE：负电源。其范围为 –13.5 ～ –16.5 V，典型值为 –15 V。

（11）AGND：模拟电源地。

（12）DGND：数字电源地。

（13）REF OUT：基准电压输出端。

（14）REF IN：基准电压输入端。REF OUT 通过电阻元件跨接到 REF IN 用于满量程调整。

（15）10 V IN：10 V 量程模拟电压输入端。在单极性时为 0 ～ +10 V，双极性时为 ±5 V。

（16）20 V IN：20 V 量程模拟电压输入端。在单极性时为 0 ～ +20 V，双极性时为 ±10 V。

（17）BIP OFF：双极性偏移信号输入端。该端加一定的电压用于零点调整。

3. AD1674 的主要功能

AD1674 的主要功能如表 9.2 所示。

表 9.2　AD1674 的主要功能

操作	CE	CS	R/C	12/8	A0	功能
转换	1	0	0	×	0	启动 12 位 A/D 转换
	1	0	0	×	0	启动 8 位 A/D 转换 ·
输出	1	0	1	1	×	输出 12 位数字
	1	0	1	0	0	输出高 8 位数字（DB11～DB4）
	1	0	1	0	1	输出低 8 位数字（DB3～DB0）
禁止	0	×	×	×	×	无操作
	×	1	×	×	×	

注：×表示任意状态。

4. AD1674 与 8051 单片机典型电路设计及软件设计

AD1674 与 8051 单片机的典型电路设计如图 9.9 所示。

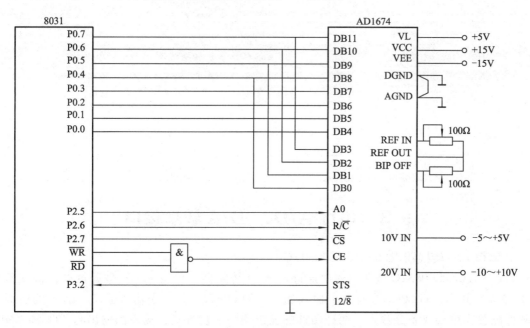

图 9.9　AD1674 与 8051 单片机的典型电路

图 9.9 所示电路，采用双极性输入、全控工作方式。8031 是 8 位单片机，AD1674 应按 8 位数据输出方式，12 位数据分 2 次输出，所以 12/8 必须接地。CE 由 8031 的 $\overline{WR}$ 和 $\overline{RD}$ 经与非后产生，用来启动转换和输出转换结果。A0、R/C 和 $\overline{CS}$ 依次与 P2.5、P2.6 和 P2.7 相连，设地址无关位为"0"，则启动 12 位转换、读取高 8 位转换结果和低 4 位转换结果的接口地址依次为 0000H、4000H 和 6000H。STS 与 8031 的 P3.2 相连，用来查询 AD1674 的工作状态以及发出中断请求信号。图中两个 100Ω 电阻元件用于增益调整和零点调整。

系统参考程序如下：

主程序：

```
MAIN:MOV SP, 60H                    ;设置堆栈指针
    ......
    MOV DPTR, #0000H
    MOVX @.DPTR,A                   ;启动12位A/D转换
    MOV IE, #81H                    ;允许(P3.2)中断
    ......
```

中断服务程序：

```
INT0:PUSH ACC                      ;保护现场
    PUSH PSW
    PUSH DPH
    PUSH DPL
    MOV DPTR, #4000H               ;R/ =1,A0 =0
    MOVX A,@DPTR                   ;读取高8位转换结果
    MOV R3,A                       ;高8位结果暂存R3
    MOV DPTR, #6000H               ;R/ =1, A0 =1
    MOVX A ,@DPTR                  ;读取低4位转换结果
    MOV R4,A                       ;低4位结果暂存R4
    POP DPL                        ;恢复现场
    POP DPH
    POP PSW
    POP ACC
    RETI
```

9.3 串行 A/D、 D/A 转换接口

1. 串行 A/D 转换器 TLC0831C/TLC0832C

TLC0831C/TLC0832C 是 8 位逐次逼近式 A/D 转换器，单一 +5 V 电源供电，输入范围为 0 ~ 5 V。其中，TLC0831C 有 1 个输入通道，TLC0832C 有 2 个输入通道。后者的前级可用软件配置为单端或差分输入。两种器件的输出均为串行方式，输入和输出与 TTL 和 CMOS 兼容，它们的封装采用标准的 8 引脚表面贴装和 DIP 结构，可与 ADC0831 和 ADC0832 互换。

（1）TLC0831C/TLC0832C 的引脚及功能。TLC0831C/TLC0832C 以逐次逼近流程，转换差分模拟输入信号。TLC0831C 只有一个差分输入端（IN +，IN-），当不需要差分输入时，IN-可接地，信号连到 IN +，作为单端输入。TLC0832C 两个独立的输入端（CH0，CH1）可通过地址输入引脚 DI 配置是否为差分（CH0 接 IN +，CH1 接 IN-）输入方式。差分输入时，当连到 IN + 端的输入电压低于 IN-端的输入电压时，转换结果为 0。

TLC0831C 的 REF 端为基准，一般可接 VCC（TLC0832C 的基准由内部设定）。TLC0831C/ TLC0832C 的引脚如图 9.10 所示。

TLC0831C/TLC0832C 通过串行接口与 CPU 相连，传送控制命令。可用软件对通道

选择和输入端进行配置。串行通信在数据采集中用处很大。除本身需要的数据传送外，TLC0831C/TLC0832C 可将转换器和模拟放大器（传感器）放在一起与远端的 CPU 进行串行数字通信，而不用模拟的方法进行远程传送。这样做可大大减少处理过程中的干扰。

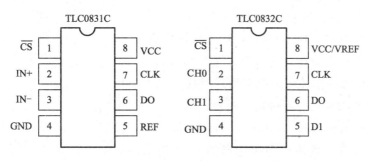

图 9.10　TLC0831C/TLC0832C 的引脚

（2）TLC0832C 的工作过程。当 $\overline{CS}$ 置为低电平时，方能启动转换，且在整个转换过程中 $\overline{CS}$ 必须保持低电平。转换开始后，器件从 CPU 接收时钟，在一个时钟的时间间隔的前提下，以保证输入多路器稳定。

在转换过程中，转换数据同时从 DO 端输出，以最高位（MSB）开头。经过 8 个时钟周期后，转换完成。当 $\overline{CS}$ 变为高电平，内部所有寄存器清 0。此时，输出电路变为高阻状态。如果希望开始另一个转换，$\overline{CS}$ 必须做一个从高到低的跳变，后面紧接地址数据等操作。

TLC0832C 在输出以最高位（MSB）开头的数据流后，又以最低位（LSB）开头重输出一遍（前面的）数据流。DI 端和 DO 端可以连在一起，通过一根线连到处理器的一个双向 I/O 接口进行控制。

TLC0832C 的地址是通过 DI 端移入来选择模拟输入通道的，同时也可确定输入端是否为差分输入。当输入为差分时，要分配输入通道的极性。另外，在选择差分输入时，极性也可以选择。输入通道的两个输入端的任何一个都可以作为正极或负极。

在每个时钟的上升沿跳变时，DI 端的数据移入多路器地址移位寄存器。DI 端的第一个时钟信号为逻辑高，表示起始位。紧接着是 2 位 TLC0832C 的配置位。在连续的每个时钟的上升沿跳变时，起始位和配置位移入移位寄存器。当起始位移入寄存器的开始位后，输入通道选通，转换开始。TLC0832C 的 DI 端在转换过程中和多路器的移位寄存器之间是关断的。

2. 4 路 8 位串行 D/A 转换器 TLC5620

TLC5620 是带有缓冲基准输入端（高阻抗）的 4 路 8 位电压输出 D/A 转换器。其输出电压范围为基准电压的 1 倍或 2 倍，且 D/A 转换器是单调变化的。该器件采用单 +5 V 电源供电。11 位的命令字由 8 位数据、2 个 D/A 转换器选择位以及 1 个范围（RNG）位组成。DAC 寄存器为双缓冲结构，允许完整的新数据组写入器件，然后 D/A 转换器输出通过 LDAC 端的控制同时更新。

（1）TLC5620 的引脚功能。TLC5620 的外形及引脚如图 9.11 所示，各引脚功能如下：

① CLK——串行接口时钟，数据在负沿送入。

② DACA～DACD——模拟输出端。

③ GND——参考地（地返回端与基准端）。

④ LDAC——DAC 更新锁存控制器。

⑤ LOAD——串行接口装载控制输入。

⑥ DATA——串行接口数字数据输入端。

⑦ REFA～REFD——DACA～DACD 基准电压输入。

⑧ VCC——正电源电压（+4.75～+5.25 V）。

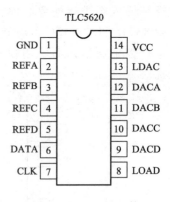

图 9.11 TLC5620 的
外形及引脚

（2）TLC5620 的工作过程。数据传送时序：当 LOAD 为高电平时，数据在 CLK 每一下降沿由时钟同步送入 DATA 端口。一旦所有的数据位送入，LOAD 变为脉冲低电平，以便把数据从串行输入寄存器传送到所选择的 D/A 转换器。如果 LDAC 为低电平，则所选择的 D/A 转换器输出电压更新且 LOAD 变为低电平。串行编程期间内 LDAC 为高电平，新数值被 LOAD 的脉冲低电平打入第一级锁存器后，再由 LDAC 脉冲低电平传送到 D/A 转换器输出。数据输入时最高有效位（MSB）在前。

A1 位和 A0 位是选择 4 个 D/A 转换器输入的控制编码位。其中，00 位选择 DACA，01 位选择 DACB，10 位选择 DACC，11 位选择 DACD。RNG 位控制 D/A 转换器的输出范围。当 RNG 为 0 时，输出范围在所加的基准电压与 GND 之间（×1）；当 RNG 为 1 时，输出范围在所加基准电压的 2 倍与 GND 之间（×2）。

9.4　技 能 实 训

【实训 17】　智能信号发生器

实训目的

（1）熟悉常用 DAC0832 的使用方法。

（2）掌握 DAC0832 与单片机接口的设计方法。

实训内容

设计 1 个 DAC0832 与单片机的单缓冲接口电路，并编写相应的应用程序，实现通过按键选择，分别输出三角波信号及正弦波信号。

实训步骤

（1）参考电路。单片机采用 AT89C51，系统时钟 f_{osc} = 6 MHz，D/A 转换器采用 DAC0832，运算放大器采用 μA741，其具体参考电路如图 9.12 所示。

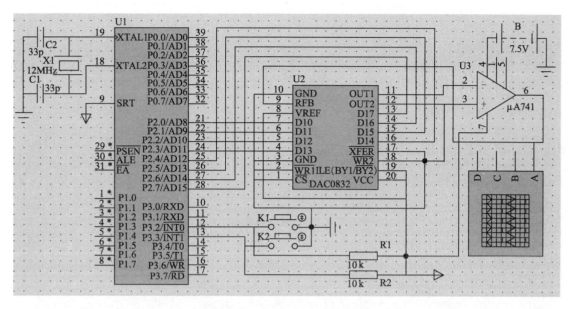

图 9.12　智能信号发生器电路图

(2) 参考程序，具体如下：

```
#include <reg52.h>
unsigned char flag;                //波形输出标志变量
bit time;
unsigned char sin(unsigned char x)
{
unsigned char code sin_tab[]={125,128,131,134,138,141,144,147,150,153,156, 159,162,
165,168,171,174,177,180,182,185,188,191,193,196,198,201,203,206,208,211,213,215,217,219,
221,223,225,227,229,231,232,234,235,237,238,239,241,242,243,244,245,246,246,247,248,248,
249,249,250,250,250,250,250,250,250,250,249,249,248,248,247,246,246,245,244,243,242,241,
239,238,237,235,234,232,231,229,227,225,223,221,219,217,215,213,211,208,206,203,201,198,
196,193,191,188,185,182,180,177,174,171,168,165,162,159,156,153,150,147,144,141,138,134,
131,128,125,122,119,116,112,109,106,103,100,97,94,91,88,85,82,79,76,73,70,68,65,62,59,
57,54,52,49,47,44,42,39,37,35,33,31,29,27,25,23,21,19,18,16,15,13,12,11,9,8,7,6,5,4,4,3,
2,2,1,1,0,0,0,0,0,0,0,0,1,1,2,2,3,4,4,5,6,7,8,9,11,12,13,15,16,18,19,21,23,25,27,29,31,
33,35,37,39,42,44,47,49,52,54,57,59,62,65,68,70,73,76,79,82,85,88,91,94,97,100,103,106,
109,112,116,119,122};
    return sin_tab[x];
}
void DAC0832(unsigned char x)
{
    P2=x;
}
void main()
```

```
{
    unsigned char i;
    TMOD = 0X02;                          //定时/计数器 T0 方式 2 用于控制输出波的频率
    TH0 = 256-40;                         //40μs*250 = 10ms
    ET0 = 1;                              //按键接于外部中断 0,与中断 1
    IT0 = 1;
    IT1 = 1;
    EX0 = 1;
    EX1 = 1;
    EA = 1;
    TR0 = 1;
    flag = 0;                             //开始时无输出
    i = 0;
while(1)
    {
      if(time = =1)
    {
        time = 0;
        if(i >249)
        i = 0;
        else
        i ++;
        switch(flag)                      //当按键 1 时输出三角波,按键 2 时输出正弦波
        {
            case 0:DAC0832(0);break;
            case 1:
                if(i >125)
                DAC0832(250-i);
            else
                DAC0832(i);
                break;
            case 2:
            DAC0832(sin(i));
            break;
            default:    break;
        }
        }
    }
}
void time0() interrupt 1
{
    time = 1;
```

```
}
void int0 () interrupt 0
{                                          //按键 1 接于外部中断 0
    flag =1;
}
void int1 () interrupt 2                    //按键 2 接于外部中断 1
{
    flag =2;
}
```

（3）用 Keil 软件完成如下操作：

① 建立工程文件。执行 Project→New Project 命令，选择单片机型号，保存到个人文件夹中。

② 建立源文件。执行 File→New 命令，建立一个 .c 文件并保存到个人文件夹中。

③ 加载源文件。右击工程管理器中的 Target 1 文件夹下的 Source Group 1 文件夹后，在弹出的快捷菜单中选择"增加文件到组'Source Group 1'"命令，加载保存到个人文件夹中的源文件，之后输入源程序。

④ 进行编译和连接。执行 Project→Build Target 命令，完成编译。

（4）用 Proteus 7 Professional 软件完成如下操作：

① 从 Proteus 7 Professional 元件库中选取元器件。AT89C51（单片机）、CRYSTAL（晶振）、CAP（电容元件）、3WATT10K（10 kΩ 电阻元件）、μA741（运算放大器）、BATTERY（-7.5 V 电源），从 Proteus 虚拟仪表中选取示波器。

② 放置元器件、电源和地，按参考电路图 9.12 所示连线。

③ 设置元器件属性并进行电气检测。先右击，再单击各元器件，按参考电路图 9.12 所示，设置元器件的属性值。执行 Tools→Electrical Rules Check 命令，完成电气检测。

④ 加载目标代码文件。先右击，再单击单片机 AT89C51，单击弹出的 Edit Component 对话框中 Program File 栏的打开按钮，在 Select File Name 对话框找到 Keil 软件编译生成的 HEX 文件，单击 Open 按钮，完成添加文件；将 Clock Frequency 栏中的频率设为 6 MHz。

⑤ BATTERY 的属性，将其值设为"7.5 V"。

⑥ 单击仿真启动按钮，全速运行程序。

⑦ 观察并记录示波器显示的波形，是否为连续三角波。

📖 分析与思考

（1）分析实训参考电路中 DAC0808 是如何与单片机实现接口，为什么要用 74LS373 锁存数据？

（2）分析本实训中三角波的频率是多少？幅度是多少？

（3）若要得到连续锯齿波，程序应如何修改？

【实训18】 智能电压表

实训目的

（1）熟悉常用 ADC0809 的使用方法。

（2）掌握 ADC0809 与单片机接口的设计方法。

实训内容

设计 1 个 ADC0809 与单片机的接口电路，并编写相应的应用程序，以实现将 1 路模拟量转换成数字量，并将该数字量换算成模拟量电压值在 2 位 LED 数码管上显示出来，测量精度为 0.1 V。

实训步骤

（1）参考电路。单片机采用 AT89C51，系统时钟 f_{osc} = 6 MHz，A/D 转换器采用 ADC0809，时钟频率为 500 kHz，其具体参考电路如图 9.13 所示。

（2）参考程序，具体如下：

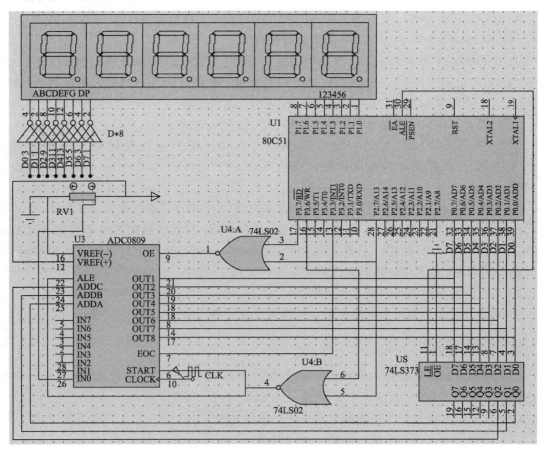

图 9.13 智能电压表电路图

```
#include < reg51.h >
sbit p3_3 = P3^3;
volatile unsigned char xdata *dptr = 0x7ff8;
unsigned char disptable[10] = {0x3f,0x06,0x5b,0x4f,0x66,0x6d,0x7d,0x07,0x7f,
0x6f};
unsigned char VOUT = 0;
void delay(void)
{
    int l;
    char m;
    for (l = 0;l < 100;l ++)
    for (m = 0;m < 3;m ++);
}
void Disp(int dispindex[])
{
    int i;
    P1 = 32;                          //从最右边一位显示,即 P1.5 开始显示
    for(i = 0;i < = 5;i ++)
    {
        P0 = disptable[dispindex[i]];   //取显示段码
        delay();                        //延时
        P1 = P1 >>1;                     //显示下一位
    }
}
void main(void)
{
    unsigned char xdata *dptr;
    unsigned char i;
    int dispnum[6] = {0,0,0,0,0,0};
    Disp(dispnum);
    while(1)
    {
        dptr = 0x7ff8;                 //0809 的地址(按照传统的接法)
        *dptr = 0x00;                  //启动转换
        i = i;
        i = i;
        while(p3_3 = =0)
        {
            Disp(dispnum);
        }                              //等待转换结束
        VOUT = *dptr;                  //读转换结果
        dispnum[3] = VOUT/100;
```

```
        dispnum[4] = VOUT/10%10;
        dispnum[5] = VOUT%10;
        Disp(dispnum);
    }
}
```

（3）用 Keil 软件完成如下操作：

① 建立工程文件。执行 Project→New Project 命令，选择单片机型号，保存到个人文件夹中。

② 建立源文件。执行 File→New 命令，保存到个人文件夹中。

③ 加载源文件。右击 Target 1 下的 Source Group 1 选项，在弹出的快捷菜单中选择"增中文件到组'Source Group 1'"命令，加载保存到个人文件夹中的源文件。之后输入源程序。

**实训 18
Keil**

④ 进行编译和连接。执行 Project→Build Target 命令，完成编译。若提示出错，排除错误后重新编译。最终生成目标文件".HEX"

（4）用 Proteus 7 Professional 软件完成如下操作：

① 从 Proteus 7 Professional 元件库中选取元器件。AT89C51（单片机）、CRYSTAL（晶振）、CAP（电容元件）、CAP-ELEC（电解电容元件）、3WATT10K（10 kΩ 电阻元件）、MINRES200R（200 Ω 电阻元件）、74LS373（锁存器）、74LS02（或非门）、NOT（反相驱动器）、POT-LIN（变阻器）、ADC0808（即 A/D 转换芯片 0809）、7SEG-MPX2-CA（2 位共阳极数码管）。

② 放置元器件、电源和地，按参考电路图连线，注意：应将 ADC 0809 的 OUT1 ~ OUT8 按从高到低顺序按至 P0.0 ~ P0.7。

③ 设置元器件属性并进行电气检测。先右击，再单击各元器件，按参考电路图 9.13 所示，设置元器件的属性值。执行 Tools→Electrical Rules Check 命令，完成电气检测。

**实训 18
Proteus**

④ 加载目标代码文件。先右击，再单击单片机 AT89C51，单击弹出的 Edit Component 对话框中 Program File 栏的打开按钮，在 Select File Name 对话框中找到 Keil 软件编译生成的 HEX 文件，单击 Open 按钮，完成添加文件；为 ADC0809 添加时钟信号，并将其频率设为 500 kHz。

⑤ 单击仿真启动按钮，全速运行程序。

⑥ 观察并记录 LED 上显示的数，注意观察改变变阻器 RV1 的值时，LED 上显示的数是否跟着改变，并观察 ADC0809 IN0 引脚的电压是否与 LED 上显示的数值相同。

📖 分析与思考

（1）分析实训参考电路中 ADC0809 是如何与单片机实现接口的。

（2）分析参考程序中是如何将数字量换算成模拟量电压值并通过 LED 显示出来的。

（3）分析本实训中隔多长时间对模拟量采样一次？即采样频率是多少？

（4）实训参考电路中 ADC0809 的时钟频率采用的是标准时钟 500 kHz，是否可改用单片机 ALE 引脚上的脉冲，为什么？

（5）将显示改为 0.00 ~ 5.00 V 的显示模式，则如何修改程序？

（6）本实训采用延时等待方式输入，若改成中断方式输入，应如何修改程序？

习　题

一、填空题

1. 外部模拟信号进入计算机一般要经过（　　　）转换。

2. ADC0809 的模拟通道有（　　　）路，同一时刻只能有其中（　　　）路进行转换。

3. DAC0832 是（　　　）位 D/A 转换器，输出的模拟信号形式是（　　　）。

4. ADC0809 最大输出数值为（　　　）。

二、选择题

1. ADC0809 芯片是（　　　）位 A/D 转换器。

　　A. 2　　　　　　　B. 4　　　　　　　C. 8　　　　　　　D. 12

2. 下列不属于 DAC0809 工作方式的是（　　　）。

　　A. 直通　　　　　B. 单缓冲　　　　　C. 双缓冲　　　　　D. 多缓冲

3. 对于 ADC0809 芯片来说，输入模拟信号的形式为（　　　）。

　　A. 电压　　　　　B. 电流　　　　　　C. 功率　　　　　　D. 数字

4. 当 ADC0809 芯片地址的低 3 位为 010 时，则选通的输入通道号为（　　　）。

　　A. IN0　　　　　　B. IN1　　　　　　C. IN2　　　　　　D. IN3

三、简答题

1. 多片 D/A 转换器为什么必须采用双缓冲接口方式？

2. 使用 80C51 和 ADC0809 芯片设计一个巡回检测系统。共有 8 路模拟量输入，采样周期为 1 s，其他未列条件可自定。请画出电路连接图并进行程序设计。

3. 在一个 $f_{osc}=12$ MHz 的 8031 应用系统中，接有 1 片 A/D 器件 ADC0809，它的地址为 FEF8H ~ FEFFH。试画出有关逻辑框图，并编写定时采样 8 个通道的程序。设采样频率为 2 ms/次，每个通道采样 10 个数，把所采样的数按 0 ~ 7 通道的顺序存放在以 1000H 为首地址的外部 RAM 中。

10.1　SMC1602A LCM 应用

实训目的

（1）学会 SMC1602A LCM 的初始化设置。

（2）掌握 SMC1602A LCM 与单片机的接口及程序设计方法。

实训内容

（1）利用 SMC1602A LCM 显示器显示 2 行字符。

（2）字符串输出起始行列位置的设置。

预备知识

1. SMC1602A LCM 简介

SMC1602A LCM 的引脚说明见表 10.1。

表 10.1　SMC1602A LCM 的引脚说明

序号	符号	引脚说明	序号	符号	引脚说明
1	VSS	电源地	9	D2	Data I/O
2	VDD	电源正极	10	D3	Data I/O
3	VL	液晶显示偏压信号	11	D4	Data I/O
4	RS	数据/命令选择端（H/L）	12	D5	Data I/O
5	R/W	读/写选择端（H/L）	13	D6	Data I/O
6	E	使能信号	14	D7	Data I/O
7	D0	Data I/O	15	BLA	背光源正极
8	D1	Data I/O	16	BLK	背光源负极

SMC1602A LCM 采用标准的 16 引脚接口，其中：

第 1 引脚：VSS 为地电源。

第 2 引脚：VDD 接 5 V 正电源。

第 3 引脚：VL 为液晶显示器对比度调整端，接正电源时对比度最弱；接地时对比度最强，对比度过高时会产生"鬼影"，使用时可以通过一个 10 kΩ 的电位器调整对比度。

第 4 引脚：RS 为寄存器选择端。高电平时选择数据寄存器；低电平时选择指令寄存器。

第 5 引脚：R/W 为读/写选择端。高电平时进行读操作；低电平时进行写操作。当 RS 和 R/W 共同为低电平时可以写入指令或者显示地址；当 RS 为低电平，R/W 为高电平时可以读忙信号，当 RS 为高电平，R/W 为低电平时可以写入数据。

第 6 引脚：E 端为使能端。当 E 端由高电平跳变成低电平时，液晶模块执行命令。

第 7 ~ 14 引脚：D0 ~ D7 为 8 位双向数据线。

第 15 ~ 16 引脚：空引脚。

基本操作时序：

（1）读状态。输入：RS = L，R/W = H，E = H；输出：D0 ~ D7 = 状态字。

（2）写指令。输入：RS = L，R/W = L，D0 ~ D7 = 指令码，E = 脉冲；输出：无。

（3）读数据。输入：RS = H，R/W = H，E = H；输出：D0 ~ D7 = 数据。

（4）写数据。输入：RS = H，R/W = L，D0 ~ D7 = 数据，E = 脉冲；输出：无。

2. 状态字说明

SMC1602A LCM 状态字说明如下：

STA7	STA6	STA5	STA4	STA3	STA2	STA1	STA0
D7	D6	D5	D4	D3	D2	D1	D0

STA0 ~ STA6	当前数据地址指针的数值	
STA7	读/写操作使能	1：禁止；0：允许

注意：对控制器每次进行读/写操作之前，都必须进行读/写检测，确保 STA7 为 0。

3. 指令说明及初始化设置

显示模式设置如下：

指令码								功　能
0	0	1	1	1	0	0	0	设置 16×2 显示，5×7 点阵，8 位数据接口

SMC1602A LCM 内部的字符发生存储器（CGROM）已经存储了 160 个不同的点阵字符图形，这些字符有阿拉伯数字、英文字母的大小写、常用的符号和日文假名等，每个字符都有一个固定的代码，比如大写的英文字母"A"的代码是 01000001B（41H），显示时模块把地址 41H 中的点阵字符图形显示出来，我们就能看到字母"A"。

指令 1：清显示，指令码 01H，光标复位到地址 00H 位置。

指令 2：光标复位，光标返回到地址 00H。指令码为 02H 或 03H。

指令 3：光标和显示模式设置，指令码的 8 位二进制形式：000 000（I/D）（S）。I/D：光标移动方向，高电平右移，低电平左移；S：屏幕上所有文字是否左移或者右移，高电平表示有效，低电平表示无效。

指令 4：显示开关控制。D：控制整体显示的开与关，高电平表示开显示，低电平表示关显示。C：控制光标的开与关，高电平表示有光标，低电平表示无光标。B：控制光标是否闪烁，高电平闪烁，低电平不闪烁。

指令 5：光标或显示移位。S/C：高电平时移动显示的文字，低电平时移动光标。指令码的 8 位二进制形式：0001（S/C）（R/L）＊＊。

指令 6：功能设置命令。DL：高电平时为 4 位总线，低电平时为 8 位总线。N：低电平时为单行显示，高电平时为双行显示。F：低电平时显示 5×7 的点阵字符，高电平时显示 5×10 的点阵字符。指令码的 8 位二进制形式：001（DL）（N）（F）＊＊。

指令 7：字符发生器 RAM 地址设置。指令码的 8 位二进制形式：01（字符发生器地址）。

指令 8：DDRAM 地址设置。指令码的 8 位二进制形式：1（显示数据存储器地址）。

指令 9：读忙信号和光标地址。BF 为忙标志位，高电平表示忙，此时模块不能接收命令或者数据；低电平表示不忙。状态字的 8 位二进制形式：（BF）（计数器地址）。

指令 10：写数据。

指令 11：读数据。

SMC1602A LCM 液晶显示模块是一个慢显示器件，所以在执行每条指令之前一定要确认模块的忙标志为低电平，表示不忙；否则此指令失效。要显示字符时要先输入显示字符地址，也就是告诉模块在哪里显示字符。

实训步骤

1. 参考电路

参考电路如图 10.1 所示。

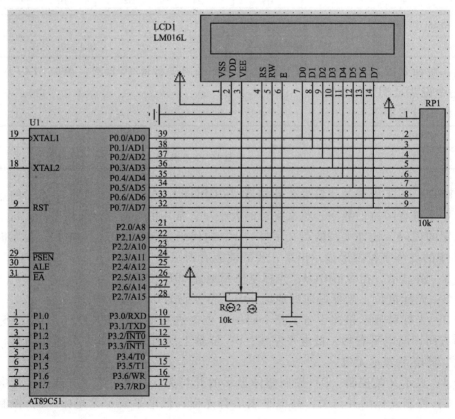

图 10.1　参考电路

2. 参考程序

```c
#include <reg51.h>
#include <intrins.h>
sbit rs = P2^0;
sbit rw = P2^1;
sbit ep = P2^2;
unsigned char code dis1[] = {"www.avtc.cn"};
unsigned char code dis2[] = {"0551-4689503"};
void delay(unsigned char ms1)
{
    unsigned char i;
    while(ms1--)
    {
        for(i = 0; i < 250; i++)
        {
            _nop_();_nop_();_nop_();_nop_();
        }
    }
}
bit lcd_bz()
{
    bit result;
    rs = 0;
    rw = 1;
    ep = 1;
    _nop_();
    _nop_();_nop_();_nop_();
    result = (bit)(P0 & 0x80);
    ep = 0;
    return(result);
}
void lcd_wcmd(unsigned char cmd)
{
    while(lcd_bz());                    //判断 LCD 是否忙碌
    rs = 0;
    rw = 0;
    ep = 0;
    _nop_();_nop_();
    P0 = cmd;
    _nop_();
    _nop_();_nop_();_nop_();
    ep = 1;
```

```
        _nop_();_nop_();_nop_();_nop_();
        ep = 0;
}
void lcd_pos(unsigned char pos)
{
        lcd_wcmd(pos |0x80);
}
void lcd_wdat(unsigned char dat)
{
        while(lcd_bz());                                        //判断LCD是否忙碌
        rs = 1;
        rw = 0;
        ep = 0;
        P0 = dat;
        _nop_();_nop_();_nop_();_nop_();
        ep = 1;
        _nop_();_nop_();_nop_();_nop_();
        ep = 0;
}
void lcd_init()
{
        lcd_wcmd(0x38);
        delay(10);
        lcd_wcmd(0x38);
        delay(10);
        lcd_wcmd(0x38);
        delay(10);
        lcd_wcmd(0x0c);
        delay(1);
        lcd_wcmd(0x06);
        delay(1);
        lcd_wcmd(0x01);
        delay(1);
}
void main(void)
{
        unsigned char i;
        lcd_init();                                             //初始化LCD
        delay(10);
        lcd_pos(0x01);                                          //设置显示位置
        i = 0;
        while(dis1[i] != '\0')
```

```
    {
        lcd_wdat(dis1[i]);              //显示字符
        i++;
    }
    lcd_pos(0x42);                      //设置显示位置
    i=0;
    while(dis2[i]! = '\0')
    {
        lcd_wdat(dis2[i]);              //显示字符
        i++;
    }
    while(1);
}
```

10.2　LCD12864 图形显示

实训目的

（1）学会 LCD12864 的初始化设置。

（2）掌握 LCD12864 与单片机的接口电路及分屏显示的程序设计方法。

实训内容

（1）利用 LCD12864 显示器一幅 128×64 的图形。

（2）利用 LCD12864 的起始页、起始行及起始列设置显示起始位置。

预备知识

1. LCD12864 简介

LCD12864 是一种图形点阵液晶显示器，它主要由行驱动器/列驱动器及 128×64 全点阵液晶显示器组成。可完成图形显示，也可以显示 8×4 个（16×16 点阵）汉字。

2. LCD12864 模块主要硬件构成说明

LCD12864 结构框图如图 10.2 所示。

IC3 为行驱动器。IC1、IC2 为列驱动器。IC1、IC2、IC3 含有如下主要功能器件。了解如下器件有利于对 LCD12864 模块的编程。

（1）指令寄存器（IR）。IR 用来寄存指令码，当 D/I=1 时，在 E 信号下降沿将指令码写入 IR。

（2）数据寄存器（DR）。DR 用来寄存数据，与 IR 寄存指令相对应。当 D/I=1 时，在 E 信号的下降沿将显示数据写入 DR，或在 E 信号高电平作用下由 DR 读到 DB0～DB7 数据总线。DR 和 DDRAM 之间的数据传输是模块内部自己完成的，用户不必了解。

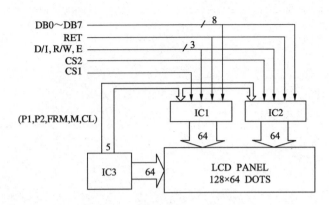

图 10.2　LCD12864 结构框图

（3）忙标志（BF）。BF 提供内部工作情况。BF = 1 时，表示模块忙，此时模块不接收外部指令和数据；BF = 0 时，模块为准备好状态，随时可接收外部指令和数据。利用读状态指令，可以将 BF 读到 DB7 总线，从而检验模块的工作状态。

（4）显示控制触发器（DFF）。DFF 用于模块屏幕显示的开关控制。DFF = 1 为开显示；DDF = 0 为关显示。

DFF 的状态是指令 DISPLAY ON/OFF 和 RST 信号控制的。

（5）XY 地址计数器。XY 地址计数器是 1 个 9 位计数器。高 3 位是 X 地址计数器，低 6 位是 Y 地址计数器，XY 地址计数器实际上是作为 DDRAM 的地址指针，X 地址计数器为 DDRAM 的页指针，Y 地址计数器为 DDRAM 的 Y 地址指针。

X 地址计数器是没有记数功能的，只能用指令设置。

Y 地址计数器具有循环记数功能，显示数据写入后，Y 地址自动加 1，Y 地址指针从 0 到 63，即写入一个字节，Y 的内容自动加 1，Y 的取值范围为 0 ~ 63。

（6）显示数据 RAM（DDRAM）。DDRAM 是存储显示图形点阵数据的。数据为 "1" 表示点亮，"0" 表示熄灭。

（7）Z 地址计数器。Z 地址计数器是一个 6 位计数器，此计数器具备循环记数功能，它是用于显示行扫描同步的。当一行扫描完成，此地址计数器自动加 1，指向下一行扫描数据，RST 复位后 Z 地址计数器为 0。

Z 地址计数器可以用指令 DISPLAY START LINE 预置。因此，显示屏幕的起始行就由此指令控制，即 DDRAM 的数据从哪一行开始显示。此模块的 DDRAM 共 64 行，可以实现循环滚动显示。

3. LCD12864 模块的外部接口

LCD12864 模块的外部接口信号见表 10.2。

4. 指令说明

控制字指令功能见表 10.3。

表 10.2 LCD12864 模块的外部接口信号

引脚号	引脚名称	电平	功能描述
1	VSS	0 V	电源地
2	VDD	3～5 V	电源正
3	V0	—	对比度（亮度）调整
4	RS（CS）	H/L	RS = H，表示 DB7～DB0 为显示数据； RS = L，表示 DB7～DB0 为显示指令数据
5	R/W（SID）	H/L	R/W = H，E = H，数据被读到 DB7～DB0； R/W = L，E = H→L，DB7～DB0 的数据被写到 IR 或 DR
6	E（SCLK）	H/L	使能信号
7	DB0	H/L	三态数据线
8	DB1	H/L	三态数据线
9	DB2	H/L	三态数据线
10	DB3	H/L	三态数据线
11	DB4	H/L	三态数据线
12	DB5	H/L	三态数据线
13	DB6	H/L	三态数据线
14	DB7	H/L	三态数据线
15	PSB	H/L	H：8 位或 4 位并口方式；L：串口方式（见注 1）
16	NC	—	空引脚
17	$\overline{RESET}$	H/L	复位端，低电平有效（见注 2）
18	VOUT	—	LCD 驱动电压输出端
19	A	VDD	背光源正端（+5 V）（见注 3）
20	K	VSS	背光源负端（见注 3）

注：1. 如在实际应用中仅使用并口通信模式，可将 PSB 接固定高电平。

2. 模块内部接有通电复位电路，因此在不需要经常复位的场合可将该端悬空。

3. 如背光和模块共用一个电源，可以将模块上的 A、K 用焊锡短接。

表 10.3 指令功能

指令	指令码										功能
	RS	R/W	D7	D6	D5	D4	D3	D2	D1	D0	
清除显示	0	0	0	0	0	0	0	0	0	1	将 DDRAM 填满 "20H"，并且设定 DDRAM 的地址计数器（AC）到 "00H"
地址复位	0	0	0	0	0	0	0	0	1	×	设定 DDRAM 的地址计数器（AC）到 "00H"，并且将游标移到开头原点位置；这个指令不改变 DDRAM 的内容
显示状态开/关	0	0	0	0	0	0	1	D	C	B	D = 1：整体显示，ONC = 1：游标 ON，B = 1：游标位置反白允许
进入点设定	0	0	0	0	0	0	0	1	I/D	S	指定在数据的读取与写入时，设定游标的移动方向及指定显示的移位

指令	指令码									功能
	RS	R/W	D7	D6	D5	D4	D3	D2	D1	D0	
游标或显示移位控制	0	0	0	0	0	1	S/C	R/L	×	×	设定游标的移动与显示的移位控制位；这个指令不改变 DDRAM 的内容
功能设定	0	0	0	0	1	DL	×	RE	×	×	DL=0/1：4/8 位数据，RE=1：扩充指令操作，RE=0：基本指令操作
设定 CGRAM 地址	0	0	0	1	AC5	AC4	AC3	AC2	AC1	AC0	设定 CGRAM 地址
设定 DDRAM 地址	0	0	1	0	AC5	AC4	AC3	AC2	AC1	AC0	设定 DDRAM 地址（显示位址）第 1 行：80H~87H，第 2 行：90H~97H
读取忙标志和地址	0	1	BF	AC6	AC5	AC4	AC3	AC2	AC1	AC0	读取忙标志（BF）可以确认内部动作是否完成，同时可以读出地址计数器（AC）的值
写数据到 RAM	1	0	数据								将数据 D7~D0 写入到内部的 RAM（DDRAM/CGRAM/IRAM/GRAM）
读出 RAM 的值	1	1	数据								从内部 RAM 读取数据 D7~D0（DDRAM/CGRAM/IRAM/GRAM）

（1）显示开关控制（DISPLAY ON/OFF），其格式如下：

AO	E	R/W	DB7	DB6	DB5	DB4	DB3	DB2	DB1	DB0
0	1	0	1	0	1	0	1	1	1	0

D=1：开显示，即显示器可以进行各种显示操作；

D=0：关显示，即不能对显示器进行显示操作。

（2）显示起始行（DISPLAY START LINE），其格式如下：

AO	E	R/W	DB7	DB6	DB5	DB4	DB3	DB2	DB1	DB0
0	1	0	1	1	0	A4	A3	A2	A1	A0

前面在 Z 地址计数器中已经描述了显示起始行是由 Z 地址计数器控制的。A5~A0 位地址自动送入 Z 地址计数器，起始行的地址可以是 0~63 的任意一行。

例如：

选择 A5~A0 是 62，则起始行与 DDRAM 行的对应关系如下：

DDRAM 行：62630123……2829

屏幕显示行：123456……3132

（3）设置页地址（SET PAGE "X ADDRESS"），其格式如下：

AO	E	R/W	DB7	DB6	DB5	DB4	DB3	DB2	DB1	DB0
0	1	0	1	0	1	1	1	0	1	0

所谓页地址就是 DDRAM 的行地址，8 行为 1 页，共 64 行，即 8 页，A2 ~ A0 表示 0 ~ 7 页。

读/写数据对地址没有影响，页地址由本指令或 RST 信号改变，复位后页地址为 0。页地址与 DDRAM 的对应关系见表 10.4。

（4）设置 Y 地址（SET Y ADDRESS），其格式如下：

AO	E	R/W	DB7	DB6	DB5	DB4	DB3	DB2	DB1	DB0
0	1	0	0	A6	A5	A4	A3	A2	A1	A0

此指令的作用是将 A5 ~ A0 送入 Y 地址计数器，作为 DDRAM 的 Y 地址指针。在对 DDRAM 进行读/写操作后，Y 地址指针自动加 1，指向下一个 DDRAM 单元。

DDRAM 地址表见表 10.4。

表 10.4　DDRAM 地址表

	CS1 = 1					CS2 = 1					
Y	0	1	...	62	63	0	1	...	62	63	行号
	DB0 ↓ DB7	DB0 ↓ DB7	DB0 ↓ DB7	DB0 ↓ DB7	DB0 ↓ DB7	DB0 ↓ DB7	DB0 ↓ DB7	DB0 ↓ DB7	DB0 ↓ DB7	DB0 ↓ DB7	0 ↓ 7
X = 0 ↓ X = 7	DB0 ↓ DB7	DB0 ↓ DB7	DB0 ↓ DB7	DB0 ↓ DB7	DB0 ↓ DB7	DB0 ↓ DB7	DB0 ↓ DB7	DB0 ↓ DB7	DB0 ↓ DB7	DB0 ↓ DB7	0 ↓ 7
	DB0 ↓ DB7	DB0 ↓ DB7	DB0 ↓ DB7	DB0 ↓ DB7	DB0 ↓ DB7	DB0 ↓ DB7	DB0 ↓ DB7	DB0 ↓ DB7	DB0 ↓ DB7	DB0 ↓ DB7	0 ↓ 7

（5）读状态（STATUS READ），其格式如下：

AO	E	R/W	DB7	DB6	DB5	DB4	DB3	DB2	DB1	DB0
0	0	1	BUSY	ADC	ON/OFF	RESET	0	0	0	0

当 R/W = 0，D/I = 1 时，在 E 信号为"H"的作用下，状态分别输出到数据总线（DB7 ~ DB0）。

RST：RST = 1 复位；RST = 0 正常。

ON/OFF：表示 DFF 触发器的状态。

BUSY：BUSY = 1 表示忙，此时组件不接收任何指令和数据。

（6）写显示数据（WRITE DISPLAY DATE）。此命令允许 MPU 将 8 位数据写入显示 RAM 中。一旦数据被写入，列位址将自动递增（加 1），使 MPU 能够连续写入较多数据。其格式如下：

AO	E	R/W	DB7	DB6	DB5	DB4	DB3	DB2	DB1	DB0
1	1	0				WRITE DATA				

D7 ~ D0 为显示数据，此指令把 DB7 ~ DB0 写入相应的 DDRAM 单元，Y 地址指针自动加 1。

（7）读显示数据（READ DISPLAY DATE）。此命令允许 MPU 读取列位址及页位址所指定显示数据 RAM 中某一位址（Location）的 8 位数据。一旦数据被读取后，列位址将自动递增，使 MPU 能够连续读取较多数据。其格式如下：

AO	E	R/W	DB7	DB6	DB5	DB4	DB3	DB2	DB1	DB0
0	1	1	READ DATA							

5. 读/写操作时序

（1）写操作时序，写操作时序如图 10.3 所示。

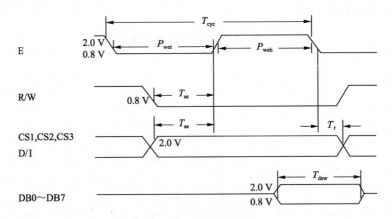

图 10.3　写操作时序

（2）读操作时序，读操作时序如图 10.4 所示。

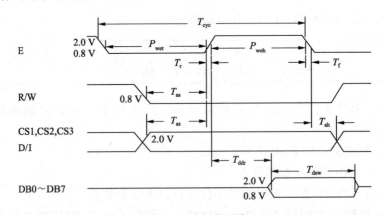

图 10.4　读操作时序

在图 10.3 和图 10.4 中，T_{cyc} 表示一个完整的读（或写）周期，P_{wet} 及 P_{weh} 分别表示维持一定时长的低电平和高电平的时间，T_{as} 为 LCD12864 的响应时间，T_r 及 T_f 分别表示上升沿和下降沿的延迟时间，T_{ddr} 表示从启动读信号到数据线有稳定输出数据的时间，T_{dsw} 表示数据在总线上的维持时间。

实训步骤

1. 参考电路

参考电路如图 10.5 所示。

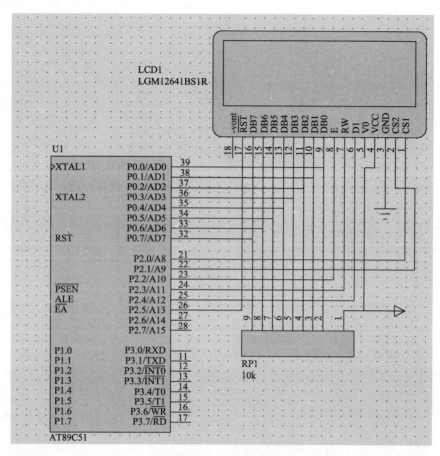

图 10.5 参考电路

2. 参考程序

```c
#include < reg51.h >
#define uchar unsigned char
sbit CS1 = P2^0;
sbit CS2 = P2^1;
sbit E = P2^2;
sbit RW = P2^3;
sbit DI = P2^4;
sbit RST = P2^5;
uchar code hanzi[2][32] = {
{0x80,0x90,0x8C,0x84,0x84,0xF4,0xA5,0x86,0x84,0x84,0x84,0x84,0x94,0x8C,
0x84,0x00,
```

```
0x80,0x80,0x80,0x40,0x47,0x28,0x28,0x10,0x28,0x24,0x43,0xC0,0x40,0x00,0x00,0x00},
{0x90,0x48,0xE7,0x1A,0xB0,0xEE,0xA8,0xAF,0xA8,0x4E,0xF8,0x17,0x12,0xF0,0x10,0x00,
0x00,0x00,0xFF,0x20,0x54,0x86,0x7D,0x04,0x14,0xA4,0x40,0x27,0x1C,0xE3,0x40,0x00}
};
void delay1()
{
    uchar x,y,z;
    for(z=0;z<4;z++)
    for(x=0;x<200;x++)
    for(y=0;y<200;y++);
}
void wc(uchar a)
{
    E=0;
    DI=0;
    RW=0;
    P0=a;
    E=1;
    E=0;
}
void wd(uchar a)
{
    E=0;
    DI=1;
    RW=0;
    P0=a;
    E=1;
    E=0;
}
void tuxing1(uchar cs,uchar ye,uchar lie,uchar shu)
{
    uchar i,t,d,f,y;
    if(cs==0)
    {
        CS2=0;
        CS1=1;
    }
    else
    {
        CS1=0;
        CS2=1;
    }
```

```
    wc(0x3f);
    wc(0xc0);
    f =0xb8 +ye;
    y =0x42 +lie;
        for(i =0;i <2;i ++)
        {
            wc(f);
            wc(y);
            for(t =0;t <16;t ++)
            {
                d =hanzi[shu][t +i*16];
                wd(d);
            }
            f ++;
        }
}
void clear()
{
    uchar i,j,d;
    wc(0xc0);
    d =0xb8;
    for(i =0;i <8;i ++)
    {
        wc(d);
        wc(0x40);
        for(j =0;j <64;j ++)
        {
            wd(0x00);
        }
        d ++;
    }
}
void INI()
{
    RST =0;
    delay1();
    RST =1;
    CS2 =0;
    CS1 =1;
    wc(0x3f);
    wc(0xc0);
    clear();
```

```
    CS1 = 0;
    CS2 = 1;
    wc(0x3f);
    wc(0xc0);
    clear();
}
main()
{
    uchar key,keyget;
    INI();
    tuxing1(0,2,16,0);
    tuxing1(1,2,16,1);
        while(1);
}
```

10.3 DS18B20温度控制数码管显示

实训目的

（1）学会DS18B20的初始化编程方法。
（2）掌握DS18B20与单片机的接口电路及相关程序设计方法。

实训内容

利用DS18B20测定实时温度并通过2位数码管显示出2位摄氏度整数。

预备知识

1. DS18B20芯片简介

DS18B20数字温度计提供9位（二进制）温度读数，3个引脚封装，串行通信模式。1根数据线，1根地线和1根电源线，DS18B20的电源可以由数据线本身提供而不需要外部电源。

由于每个DS18B20在出厂时已经设定了唯一的序号，因此任意多个DS18B20可以存放在同一根单线总线上，允许系统同时驱动多个DS18B20，温度测量范围为-55 ~ +125 ℃，增量值为0.5 ℃，它可在1 s（典型值）内把温度变换成数字。

每个DS18B20包括一个唯一的64位长的序号，该序号值存放在DS18B20内部的ROM（只读存储器）中，开始8位是产品类型编码（DS18B20编码均为10H），接着的48位是每个器件唯一的序号，最后8位是前面56位的CRC（循环冗余检验）码。DS18B20中还有用于存储测得的温度值的2个8位存储器RAM，编号为0号和1号，1号存储器存放温度值的符号，如果温度为负则该单元8位全为1，否则全为0。0号存储器用于存放温度值的补码，最低位的1表示0.5，将存储器中的二进制数求补再转换成十进制数并除以2就得到被测温度值（-550 ~ +125 ℃）。

每个 DS18B20 都可以设置成两种供电方式，即数据总线供电方式和外部供电方式，采取数据总线供电方式可以节省 1 根导线，但完成温度测量的时间较长，采取外部供电方式则多用 1 根导线，但测量速度较快。

DS18B20 外观及引脚如图 10.6 所示。

引脚功能如下：

GND：地。

DQ：串行数字输入/输出。

VDD：电源，可选 5 V。

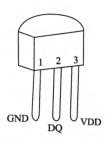

图 10.6　DS18B20
外观及引脚

DS18B20 的存储方式：采用 12 位存储温度值，最高位为符号位 S，负温度时 S = 1，正温度时 S = 0。如：0550H = +85℃. 0191H = +25.062 5 ℃。FC90H = -55 ℃。温度存储字格式如下：

	bit 7	bit 6	bit 5	bit 4	bit 3	bit 2	bit 1	bit 0
LS Byte	2^3	2^2	2^1	2^0	2^{-1}	2^{-2}	2^{-3}	2^{-4}

	bit 15	bit 14	bit 13	bit 12	bit 11	bit 10	bit 9	bit 8
MS Byte	S	S	S	S	S	2^6	2^5	2^4

2. DS18B20 工作过程及时序

有人认为 DS18B20 的写 1 时序与读 1 时序是完全相同的，但笔者认为二者是不一样的，每次对 DS18B20 操作都是先由主机复位 DS18B20，再发送诸如跳过 ROM 等指令（此时的 DS18B20 默认为接收状态）；待主机发送完这些指令后，DS18B20 自动进入发送状态，主机进入接收状态并开始接收数据，最后完成通信。

简而言之，DS18B20 复位后，首先默认进入接收状态，接收完控制指令后，自动进入发送状态，最后结束通信。所以 DS18B20 的写 1 时序与读 1 时序还是不一样的。

DS18B20 工作过程中的协议如下：初始化，ROM 操作命令，存储器操作命令，数据处理。

（1）初始化。单总线上的所有处理均从初始化开始。

（2）ROM 操作指令。总线主机检测到 DS18B20 的存在，便可以发出 ROM 操作命令，这些操作命令代码有：

Read ROM（读 ROM）[33H]；

Match ROM（匹配 ROM）[55H]；

Skip ROM（跳过 ROM）[CCH]；

Search ROM（搜索 ROM）[F0H]；

Alarm Search（告警搜索）[ECH]。

（3）存储器操作命令：

Write Scratchpad（写暂存存储器）[4EH]；

Read Scratchpad（读暂存存储器）[BEH]；

Copy Scratchpad（复制暂存存储器）[48H]；

Convert Temperature（温度变换）［44H］；

Recall EPROM（重新调出）［B8H］；

Read Power Supply（读电源）［B4H］。

（4）时序。主机使用时间间隙（time slots）来读写 DS18B20 的数据位和写命令字的位。

① 初始化。时序如图 10.7 所示，主机总线 t_0 时刻发送一复位脉冲（最短为 480 μs 的低电平信号），接着在 t_1 时刻释放总线并进入接收状态，DS18B20 在检测到总线的上升沿之后，等待 15～60 μs，接着 DS18B20 在 t_2 时刻发出存在脉冲（低电平持续 60～240 μs）。如图 10.7 中虚线所示。

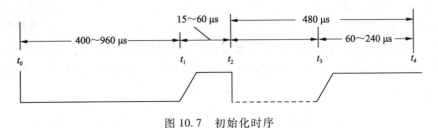

图 10.7　初始化时序

② 写操作时序。当主机总线 t_0 时刻从高拉至低电平时，就产生写时间间隙，如图 10.8 所示，从 t_0 时刻开始 15 μs 之内应将所需要写的位送到总线上。DS18B20 在 t_0 后 15～60 μs 间对总线采样，若为低电平，写入的位是 0；若为高电平，写入的位是 1，2 位数据间的时间间隙应大于 1 μs。

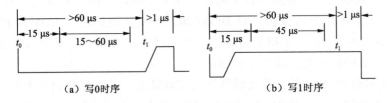

（a）写0时序　　　　　　　　　　（b）写1时序

图 10.8　写操作时序

③ 读操作时序。如图 10.9 所示，主机总线 t_0 时刻从高拉至低电平时，总线只需要保持低电平 17 μs 之后在 t_1 时刻将总线拉高，产生读时间间隙，读时间间隙在 t_1 时刻后，t_2 时刻前有效，t_2 距 t_0 为 15 μs，也就是说 t_2 时刻前主机必须完成读位，并在 t_0 后的 60～120 μs 内释放总线读位子程序（读得的位到位累加器 C 中）。

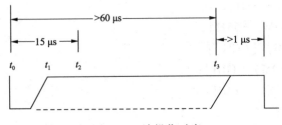

图 10.9　读操作时序

实训步骤

1. 参考电路

参考电路如图 10.10 所示。

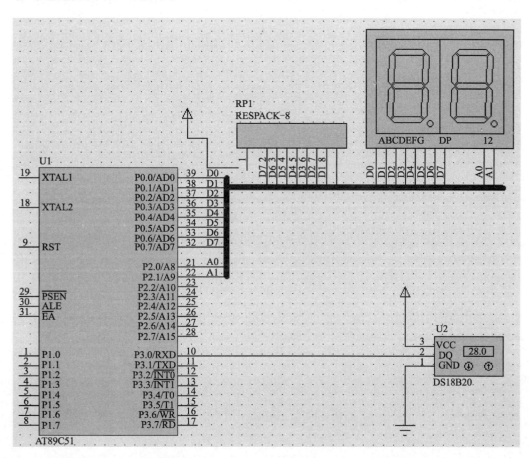

图 10.10　参考电路

2. 参考程序

```
#include < reg51. h >
#include < intrins. h >
#define uchar unsigned char
#define LED P0                        //实际温度值输出端口定义
#define NOP _nop_()
sbit tem_in = P3^0;                   //温度读取端口
#define L 15                          //温度报警下限
#define H 40
uchar temp_h,temp_l;                  //温度值变量
uchar flag1;                          //正负标志位
uchar code ledcode[] = {0xc0,0xf9,0xa4,0xb0,0x99,0x92,0x82,0xf8,0x80,0x90};
```

```
uchar code ledbit[] = {0xfe,0xfd,0xfb};              //共阴极数码管
uchar dispbuf[2] = {0,0};
uchar B20num[] = {1,2,3,4,5,6,7,8};
void delay(unsigned int count)
{
    unsigned int i;
    while(count)
    {
        i = 200;
        while(i >0)i--;
        count--;
    }
}
void Delay_us(uchar n)
{
    uchar i;
    i = 0;
    while(i < n)
    {i ++;}
    return;
}
void dsreset(void)
{
    unsigned int i;
    tem_in = 0;
    i = 103;
    while(i >0)i--;
    tem_in = 1;
    i = 4;
    while(i >0)i--;
}
uchar ReadByte(void){
    uchar i,k;
    i = 8;
    k = 0;
    while(i--)
    {
        tem_in = 1;
        Delay_us(1);
        tem_in = 0;
        k = k >>1;
        tem_in = 1;
```

```
        NOP;
        if(tem_in)k|=0x80;
        Delay_us(4);
    }
    return(k);
}
void tmpwrite(unsigned char dat)
{   unsigned int i;
    unsigned char j;
    bit testb;
    for(j=1;j<=8;j++)
    {testb=dat&0x01;
    dat=dat>>1;
    if(testb)
    {   tem_in=0;i++;i++;
        tem_in=1;
        i=8;while(i>0)i--;
        }
        else
        {
            tem_in=0;
            i=8;while(i>0)i--;
            tem_in=1;i++;i++;
        }
    }
}
void tmpchange(void)
{
    dsreset();                      //复位
    delay(1);
    tmpwrite(0xcc);                 //跳过序列号命令
    tmpwrite(0x44);                 //转换命令
}
void tmp(void)
{
    float dis;
    dsreset();
    delay(1);
    tmpwrite(0xcc);
    tmpwrite(0xbe);
    temp_l=ReadByte();              //低位在前
    temp_h=ReadByte();              //高位在后
```

```
        flag1 = temp_h&0xf8;
        if(flag1)
        {
            temp_h = ~ temp_h;
            if(temp_l = =0)temp_h ++;              //若低8位为0且温度为负,取补时就要向高位进1
            temp_l = ~ temp_l +1;
        }
        dis = (temp_h*256 +temp_l)/16;
        if(dis <10)
        {
            dispbuf[0] =0;
            dispbuf[1] = (uchar)dis;
        }
        else
        {
            dispbuf[0] = (uchar)dis/10;
            dispbuf[1] = (uchar)dis%10;
        }
}
void dis(void)
{
    uchar i;
        for(i =0;i <2;i ++)                       //输送显示数据
        {
            LED =0xff;                            //去段码
            P2 =ledbit[i];                        //LED 位选能
            delay(3);
                LED =ledcode[dispbuf[i]];//送段码
        }
        delay(5);
}
main()
{
    LED =0xff;
    P2 =0x00;
    do{
        tmpchange();                             //启动温度转换
        delay(10);                               //等待转换结束,可不用,会对显示产生影响
        tmp();                                   //读取温度转换结果

        dis();                                   //温度显示和报警
    }while(1);
}
```

10.4　DS1302 时钟芯片的应用

实训目的

（1）学会 DS1302 的初始化设置。

（2）掌握单总线芯片的电路及程序设计方法。

实训内容

利用 DS1302 和 LCD1602 显示器设计电子钟系统。

预备知识

1. DS1302 简介

DS1302 是计时芯片，主要实现时钟计数功能，可以对秒、分、时、日、月、星期、年进行计数。年计数可达到 100 年；有 31×8 位的额外数据暂存寄存器；串行工作；工作电压 2.0～5.5 V；读写时钟寄存器或内部 RAM（31×8 位的额外数据暂存寄存）可以采用单字节模式和突发模式；兼容 TTL（5 V）；工作温度-40～85 ℃。封装如图 10.11 所示。

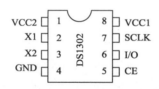

图 10.11　DS1302 封装

DS1302 包括时钟/日历寄存器和 31 字节的数据暂存寄存器，数据通信仅通过一条串行 I/O 端口。实时时钟/日历提供包括秒、分、时、日期、月份、年份信息。闰年可自行调整，可选择 12 h 制和 24 h 制，可以设置 AM、PM。

DS1302 在第一次加电后，必须进行初始化操作。初始化后就可以设定时间。

2. DS1302 的工作原理

在进行任何数据传输时，$\overline{RST}$ 必须被置高电平（注意虽然将它置为高电平，内部时钟还是在晶振作用下走时的，此时，允许外部读/写数据），在每个 SCLK 上升沿进行数据输入，下降沿进行数据输出，一次读/写 1 位，读/写操作是通过输入控制字指令（也是 1 字节）来实现的，单字节数可通过 8 个脉冲实现串行输入/输出。如果控制指令选择的是单字节模式，连续的 8 个时钟脉冲可以进行 8 位数据的写或读操作，在 SCLK 时钟的上升沿时，数据被写入 DS1302，SCLK 时钟的下降沿读出 DS1302 的数据。在突发模式，通过连续的脉冲一次性读/写完 7 字节的时钟/日历寄存器（注意时钟/日历寄存器要读/写完），也可以一次性读/写多字节 RAM 数据（可按实际情况读/写一定数量的位，不必读/写全部 RAM，与时钟不同）。

3. DS1302 的控制方式

DS1302 控制指令由 8 位二进制构成，其格式如下：

| 1 | RAM/$\overline{CK}$ | A4 | A3 | A2 | A1 | A0 | RD/$\overline{WR}$ |

每字节的传输是由控制字节指定的，控制字节的最高位 bit7 必须是 1，如果是 0，写入将被禁止，因此通过将其置 1 以禁止写入。bit6 为 0 则指定对时钟/日历寄存器控制读/写操作；为 1 则为 RAM 区数据的控制读/写操作。bit1~bit5 指定相关寄存器待进行输入/输出操作，最低位 bit0 指定是输入还是输出，为 0 则为输入；反之则为输出。在作时钟时（bit6=0），各控制字所对应的对象见表 10.5。

表 10.5　DS1302 时钟/日历寄存器控制字

参数	bit7	bit6	bit5	bit4	bit3	bit2	bit1	bit0
秒	1	0	0	0	0	0	0	RD/$\overline{WR}$
分	1	0	0	0	0	0	1	RD/$\overline{WR}$
时	1	0	0	0	0	1	0	RD/$\overline{WR}$
日	1	0	0	0	0	1	1	RD/$\overline{WR}$
月	1	0	0	0	1	0	0	RD/$\overline{WR}$
星期	1	0	0	0	1	0	1	RD/$\overline{WR}$
年	1	0	0	0	1	1	0	RD/$\overline{WR}$
控制	1	0	0	0	1	1	1	RD/$\overline{WR}$
突发时钟	1	0	0	1	0	0	0	RD/$\overline{WR}$

（1）复位以及时钟控制。所有的数据传输在 $\overline{RST}$ 置 1 时进行（反复强调），$\overline{RST}$ 有两种功能：第一是接通控制逻辑，允许地址/命令序列送入移位寄存器；第二是提供终止单字节或多字节数据的传送信号。当 $\overline{RST}$ 为高电平时，允许对 DS1302 进行操作；如果在传送过程中 $\overline{RST}$ 置为低电平，则会终止传送，I/O 引脚变为高阻态。I/O 为串行数据输入/输出端（双向），数据的传输有两种模式：单字节传送及突发模式传送。

（2）单字节数据输入。先传送"写"控制字（8 个时钟周期），随后即可进行 1 字节的输入操作（8 个时钟周期），数据传输从低位开始。

（3）单字节数据输出。先传送"读"控制字（8 个时钟周期），随后即可进行 1 字节的输出操作（8 个时钟周期）。

（4）突发模式。上面已经提到过的突发模式可以指定为任何时钟/日历或 RAM 的寄存器，bit6 指定时钟或 RAM，bit0 指定读或写。

突发模式的数据传送控制字的 A4~A0 位必须是全 1，如对时钟/日历以突发模式读的控制字为 1011 1111B（BFH）。

对于 DS1302 来说，在突发模式下写时钟寄存器，起始的 8 个寄存器用来写入相关数据，必须写完。然而，在突发模式下写 RAM 数据时，没有必要全部写完。每个字节都将被写入而不论 31 字节是否写完。

（5）时钟/日历。DS1302 有关时钟/日历的寄存器共有 12 个，其中有 7 个寄存器（读时 81h~8Dh，写时 80h~8Ch），存放的数据格式为 BCD 码形式，如图 10.12 所示。

控制寄存器（8Fh、8Eh）的位 7 是写保护位（WP），其他 7 位均置为 0。在任何的对时

读寄存器	写寄存器	bit 7	bit 6	bit 5	bit 4	bit 3	bit 2	bit 1	bit 0	范 围
81h	80h	CH		10秒		秒				00～59
83h	82h			10分		分				00～59
85h	84h	12/$\overline{24}$	0	10 AM/PM	时	时				1～12/12～23
87h	86h	0	0	10 日		日				1～31
89h	88h	0	0	0	10月	月				1～12
8Bh	8Ah	0	0	0	0	0	星期			1～7
8Dh	8Ch		10 年			年				00～99
8Fh	8Eh	WP	0	0	0	0	0	0	0	

图 10.12　时钟/日历寄存器

钟和 RAM 的写操作之前，WP 位必须为 0。当 WP 位为 1 时，写保护位防止对任一寄存器的写操作。

（6）时钟停止标志。秒寄存器的 bit7 是时钟停止标志位，该位为 1，时钟晶振停止起振，DS1302 进入低功耗待命模式，耗用电流小于 100 nA；该位为 0，晶振开始起振。

（7）AM-PM/12-24 模式选择。小时寄存器的 bit7 是 AM-PM/12-24 模式选择选择位，该位为 1 时，选择 12 h 制；该位为 0 时，选择 24 h 制，在 12 h 制下，bit5 为 1 选择了 PM，由于 DS1302 的数据是以 BCD 码的形式存储的，因此在 24 h 制下，bit5 与 bit4 共同构成了 24 h 制的十位数 0～2（即二进制形式的 00～10）。

（8）DS1302 有关 RAM 的地址。DS1302 中附加 31 字节静态 RAM 的地址见表 10.6。

表 10.6　静态 RAM 的地址表

读地址	写地址	数据范围
C1h	C0h	00～FFh
C3h	C2h	00～FFh
C5h	C4h	00～FFh
…	…	…
FDh	FCh	00～FFh

（9）DS1302 的突发模式寄存器。所谓突发模式是指一次传送多个字节的时钟或 RAM 信息。突发模式寄存器见表 10.7。

表 10.7　突发模式寄存器

突发模式寄存器	名称	读寄存器	写寄存器
时钟突发模式寄存器	CLOCK BURST	BFh	BEh
RAM 突发模式寄存器	RAM BURST	FFh	FEh

（10）晶振的选择。一个 32.768 kHz 的晶振可以直接接在 DS1302 的 2、3 引脚之间，可以设定载荷电容为 6 pF。

（11）电源控制。VCC1 可提供单电源控制也可以用来作为备用电源，VCC2 为主电源。在 VCC2 关闭的情况下，也能保持时钟的连续运行。DS1302 由 VCC1 或 VCC2 两者中的较大者供电。当 VCC2 大于 VCC1 + 0.2 V 时，VCC2 给 DS1302 供电；当 VCC2 小于 VCC1 时，DS1302 由 VCC1 供电。

（12）一般设计流程（所有过程须将$\overline{\text{RST}}$置1）：

关闭写保护（通过设置指控指令 bit7）；

串行输入控制指令；

根据需要输入控制指令，完成数据传输；

可以选择字节模式，即每输入 1 条控制指令，下 8 个脉冲完成相应 1 字节的读/写；

可以选择突发模式，对时钟/日历寄存器或 31×8 的 RAM 进行一次性读写；

打开写保护。

🖧 实训步骤

1. 参考电路

参考电路如图 10.13 所示，DS1302 与单片机的连接也仅需要 3 根线：CE 引脚、SCLK 串行时钟引脚、I/O 串行数据引脚，LM016L 为液晶显示屏。

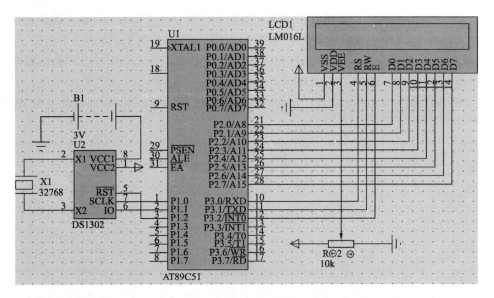

图 10.13　参考电路

2. 参考程序

主程序：

```
#include <REG52.H>
#include "LCD1602.h"
#include "DS1302.h"
void Delay1ms(unsigned int count)
{
    unsigned int i,j;
    for(i=0;i<count;i++)
    for(j=0;j<120;j++);
```

```
}
main()
{
    SYSTEMTIME CurrentTime;
    LCD_Initial();
    Initial_DS1302();
    DS1302_SetProtect(0);
    Write1302(0x80, 0);
    DS1302_SetProtect(0);
    Write1302(0x82, 0);
    Write1302(0x84, 0);
    Write1302(0x86, 0);
    Write1302(0x88, 0);
    Write1302(0x8a, 0);
    GotoXY(0,0);
    Print("Date: ");
    GotoXY(0,1);
    Print("Time: ");
    while(1)
    {
        DS1302_GetTime(&CurrentTime);
        DateToStr(&CurrentTime);
        TimeToStr(&CurrentTime);
        GotoXY(6,0);
        Print(CurrentTime.DateString);
        GotoXY(6,1);
        Print(CurrentTime.TimeString);
        Delay1ms(300);
    }
}
```

1602 头文件：

```
#ifndef LCD_CHAR_1602_2005_4_9
#define LCD_CHAR_1602_2005_4_9
#include <intrins.h>
sbit LcdRs    = P3^0;
sbit LcdRw    = P3^1;
sbit LcdEn    = P3^2;
sfr  DBPort   = 0xa0;              //P0 = 0x80, P1 = 0x90, P2 = 0xA0, P3 = 0xB0. 数据端口
                                  //内部等待函数
unsigned char LCD_Wait(void)
{
    LcdRs = 0;
```

```
        LcdRw = 1; _nop_();
        LcdEn = 1; _nop_();
        LcdEn = 0;
        return DBPort;
}
//向 LCD 写入命令或数据
#define LCD_COMMAND        0                        //Command
#define LCD_DATA           1                        //Data
#define LCD_CLEAR_SCREEN   0x01                     //清屏
#define LCD_HOMING         0x02                     //光标返回原点
void LCD_Write(bit style, unsigned char input)
{
        LcdEn = 0;
        LcdRs = style;
        LcdRw = 0;               _nop_();
        DBPort = input;          _nop_();           //注意顺序
        LcdEn = 1;               _nop_();           //注意顺序
        LcdEn = 0;               _nop_();
        LCD_Wait();
}
//设置显示模式 * * * * * * * * * * * * * * * * * * * * * * *
#define LCD_SHOW           0x04                     //显示开
#define LCD_HIDE           0x00                     //显示关
#define LCD_CURSOR         0x02                     //显示光标
#define LCD_NO_CURSOR      0x00                     //无光标
#define LCD_FLASH          0x01                     //光标闪动
#define LCD_NO_FLASH       0x00                     //光标不闪动
void LCD_SetDisplay(unsigned char DisplayMode)
{
        LCD_Write(LCD_COMMAND, 0x08 |DisplayMode);
}
//设置输入模式 * * * * * * * * * * * * * * * * *
#define LCD_AC_UP          0x02
#define LCD_AC_DOWN        0x00                     //default

#define LCD_MOVE           0x01                     //画面可平移
#define LCD_NO_MOVE        0x00                     //default

void LCD_SetInput(unsigned char InputMode)
{
        LCD_Write(LCD_COMMAND, 0x04 |InputMode);
}
```

```
//初始化 LCD * * * * * * * * * * * * * * * *
void LCD_Initial()
{
    LcdEn = 0;
    LCD_Write(LCD_COMMAND,0x38);                    //8 位数据端口,2 行显示,5 * 7 点阵
    LCD_Write(LCD_COMMAND,0x38);
    LCD_SetDisplay(LCD_SHOW|LCD_NO_CURSOR);         //开启显示, 无光标
    LCD_Write(LCD_COMMAND,LCD_CLEAR_SCREEN);        //清屏
    LCD_SetInput(LCD_AC_UP|LCD_NO_MOVE);            //AC 递增, 画面不动
}
void GotoXY(unsigned char x, unsigned char y)
{
    if(y = =0)
        LCD_Write(LCD_COMMAND,0x80 |x);
    if(y = =1)
        LCD_Write(LCD_COMMAND,0x80 |(x-0x40));
}
void Print(unsigned char *str)
{
    while(*str! =' \0')
    {
        LCD_Write(LCD_DATA,*str);
        str ++;
    }
}
#endif
1302 头文件:
#ifndef _REAL_TIMER_DS1302_2003_7_21_
#define _REAL_TIMER_DS1302_2003_7_21_
sbit    DS1302_CLK = P1^0;                          //实时时钟时钟线引脚
sbit    DS1302_IO = P1^1;                           //实时时钟数据线引脚
sbit    DS1302_RST = P1^2;                          //实时时钟复位线引脚
sbit    ACC0 = ACC^0;
sbit    ACC7 = ACC^7;
typedef struct __SYSTEMTIME__
{
    unsigned char Second;
    unsigned char Minute;
    unsigned char Hour;
    unsigned char Week;
    unsigned char Day;
    unsigned char Month;
```

```
    unsigned char Year;
    unsigned char DateString[9];
    unsigned char TimeString[9];
}SYSTEMTIME;                                    //定义的时间类型
#define AM(X)               X
#define PM(X)               (X +12)             //转成24h制
#define DS1302_SECOND       0x80
#define DS1302_MINUTE       0x82
#define DS1302_HOUR         0x84
#define DS1302_WEEK         0x8A
#define DS1302_DAY          0x86
#define DS1302_MONTH        0x88
#define DS1302_YEAR         0x8C
#define DS1302_RAM(X)       (0xC0 + (X) * 2)    //用于计算DS1302_RAM地址的宏
void DS1302InputByte(unsigned char d)           //实时时钟写入1字节(内部函数)
{
        unsigned char i;
        ACC = d;
        for(i = 8; i >0; i--)
        {
            DS1302_IO = ACC0;                   //相当于汇编中的RRC
            DS1302_CLK = 1;
            DS1302_CLK = 0;
            ACC = ACC >>1;
        }
}
unsigned char DS1302OutputByte(void)            //实时时钟读取1字节(内部函数)
{
        unsigned char i;
        for(i = 8; i >0; i--)
        {
            ACC = ACC >>1;                      //相当于汇编中的RRC
            ACC7 = DS1302_IO;
            DS1302_CLK = 1;
            DS1302_CLK = 0;
        }
        return(ACC);
}
void Write1302(unsigned char ucAddr, unsigned char ucDa)//ucAddr:地址,ucData:数据
{
        DS1302_RST = 0;
        DS1302_CLK = 0;
```

```
                DS1302_RST =1;
                DS1302InputByte(ucAddr);                    //地址,命令
                DS1302InputByte(ucDa);                      //写1字节数据
                DS1302_CLK=1;
                DS1302_RST=0;
}
unsigned char Read1302(unsigned char ucAddr)        //读取 DS1302 某地址的数据
{
            unsigned char ucData;
            DS1302_RST=0;
            DS1302_CLK=0;
            DS1302_RST=1;
            DS1302InputByte(ucAddr|0x01);               //地址,命令
            ucData=DS1302OutputByte();                   //读1字节数据
            DS1302_CLK=1;
            DS1302_RST=0;
            return(ucData);
}
void DS1302_SetProtect(bit flag)                        //是否写保护
{
    if(flag)
        Write1302(0x8E,0x10);
        else
          Write1302(0x8E,0x00);
}
void DS1302_SetTime(unsigned char Address, unsigned char Value)
                                                        //设置时间函数
{
    DS1302_SetProtect(0);
    Write1302(Address, ((Value/10) < <4 | (Value%10)));
}
void DS1302_GetTime(SYSTEMTIME *Time)
{
    unsigned char ReadValue;
    ReadValue=Read1302(DS1302_SECOND);
    Time->Second=((ReadValue&0x70) >>4)*10 +(ReadValue&0x0F);
    ReadValue=Read1302(DS1302_MINUTE);
    Time->Minute=((ReadValue&0x70) >>4)*10 +(ReadValue&0x0F);
    ReadValue=Read1302(DS1302_HOUR);
    Time->Hour=((ReadValue&0x70) >>4)*10 +(ReadValue&0x0F);
    ReadValue=Read1302(DS1302_DAY);
    Time->Day=((ReadValue&0x70) >>4)*10 +(ReadValue&0x0F);
```

```c
    ReadValue = Read1302(DS1302_WEEK);
    Time->Week = ((ReadValue&0x70) >>4)*10 +(ReadValue&0x0F);
    ReadValue = Read1302(DS1302_MONTH);
    Time->Month = ((ReadValue&0x70) >>4)*10 +(ReadValue&0x0F);
    ReadValue = Read1302(DS1302_YEAR);
    Time->Year = ((ReadValue&0x70) >>4)*10 +(ReadValue&0x0F);
}
void DateToStr(SYSTEMTIME * Time)
{
    Time->DateString[0] = Time->Year/10 +'0';
    Time->DateString[1] = Time->Year%10 +'0';
    Time->DateString[2] = '-';
    Time->DateString[3] = Time->Month/10 +'0';
    Time->DateString[4] = Time->Month%10 +'0';
    Time->DateString[5] = '-';
    Time->DateString[6] = Time->Day/10 +'0';
    Time->DateString[7] = Time->Day%10 +'0';
    Time->DateString[8] =' \0';
}
void TimeToStr(SYSTEMTIME * Time)
{
    Time->TimeString[0] = Time-> Hour/10 + '0';
    Time->TimeString[1] = Time->Hour%10 +'0';
    Time->TimeString[2] = ':';
    Time->TimeString[3] = Time->Minute/10 +'0';
    Time->TimeString[4] = Time->Minute%10 +'0';
    Time->TimeString[5] = ':';
    Time->TimeString[6] = Time->Second/10 +'0';
    Time->TimeString[7] = Time->Second%10 +'0';
    Time->DateString[8] = ' \0';
}
void Initial_DS1302(void)
{
    unsigned char Second = Read1302(DS1302_SECOND);
    if(Second&0x80)DS1302_SetTime(DS1302_SECOND,0);
}
#endif
```

Analog ICs	模拟集成电路
CMOS 4000 series	CMOS 4000 系列
Data Converters	数据转换器
Diodes	二极管
Electromechanical	机电设备（只有电动机模型）
Inductors	电感元件
Laplace Primitives	Laplace 变换器
Memory ICs	存储器集成电路
Microprocessor ICs	微处理器集成电路
Miscellaneous	杂类（只有电灯和光敏电阻元件组成的设备）
Modelling Primitives	模型基元
Operational Amplifiers	运算放大器
Optoelectronics	光电子器件
Resistors	电阻元件
Simulator Primitives	仿真基元
Switches & Relays	开关和继电器
Transistors	三极管
TTL 74、74ALS、74AS、74F、74S series、74HC、74HCT、74LS	74 系列集成电路
AND	与门
ANTENNA	天线
BATTERY	直流电源（电池）
BELL	铃、钟
BRIDEG 1	整流桥（二极管）
BRIDEG 2	整流桥（集成块）
BUFFER	缓冲器
BUZZER	蜂鸣器
CAP	电容元件
CAPACITOR	电容元件

CAPACITOR POL	有极性电容元件
CAPVAR	可调电容元件
CIRCUIT BREAKER	熔丝
COAX	同轴电缆
CON	插口
CRYSTAL	晶振
DB	并行插口
DIODE	二极管
DIODE SCHOTTKY	稳压二极管
DIODE VARACTOR	变容二极管
DPY_ 3-SEG	3 段 LED
DPY_ 7-SEG	7 段 LED
DPY_ 7-SEG_ DP	7 段 LED（带小数点）
ELECTRO	电解电容元件
FUSE	熔断器
INDUCTOR	电感元件
INDUCTOR IRON	带铁芯电感元件
INDUCTOR3	可调电感元件
JFET N	N 型沟道场效应管
JFET P	P 型沟道场效应管
LAMP	照明灯
LAMP NEDN	辉光启动器
LED	发光二极管
METER	仪表
MICROPHONE	传声器（俗称"麦克风"）
MOSFET	MOS 场效应管
MOTOR AC	交流电动机
MOTOR SERVO	伺服电动机
NAND	与非门
NOR	或非门
NOT	非门
NPN	NPN 三极管
NPN-PHOTO	感光三极管
OPAMP	集成运放
OR	或门
PHOTO	感光二极管
PNP	PNP 三极管
NPN DAR	NPN 三极管
PNP DAR	PNP 三极管

POT	滑线式变阻器
PELAY-DPDT	双刀双位继电器
RES1. 2	电阻元件
RES3. 4	可调电阻元件
BRIDGE	桥式电阻元件
RESPACK	电阻排
SCR	晶闸管
PLUG	插头
PLUG AC FEMALE	三相交流插头
SOCKET	插座
SOURCE CURRENT	电流源
SOURCE VOLTAGE	电压源
SPEAKER	扬声器
SW	开关
SW-DPDY	双刀双位开关
SW-SPST	单刀单位开关
SW-PB	按钮〔开关〕
THERMISTOR	电热调节器
TRANS1	变压器
TRANS2	可调变压器
TRIAC	三端双向晶闸管
TRIODE	三极真空管
VARISTOR	变阻器
ZENER	齐纳二极管

附录 B 图形符号对照表

图形符号对照表见表 B.1。

表 B.1 图形符号对照表

序号	名称	国家标准的画法	软件中的画法
1	发光二极管		
2	晶振		
3	电容器		
4	按钮开关		
5	电池		
6	与非门		
7	或非门		

参 考 文 献

[1] 梅灿华. 单片微计算机原理及应用[M]. 合肥：合肥工业大学出版社，2006.

[2] 谭浩强. C 程序设计[M]. 3 版. 北京：清华大学出版社，2005.

[3] 洪应. 凌阳 16 位单片机实用技术教程[M]. 北京：中国铁道出版社，2007.

[4] 宋国富. 单片机技能与实训[M]. 北京：电子工业出版社，2010.

[5] 张丽娜，刘美玲，姜新华. 51 单片机系统开发与实践[M]. 北京：北京航空航天大学出版社，2013.

[6] 彭伟. 单片机 C 语言程序设计实训 100 例：基于 8051 + Proteus 仿真[M]. 2 版. 北京：电子工业出版社，2012.

[7] 戴佳，刘博文. 51 单片机 C 语言应用程序设计实例精讲[M]. 北京：电子工业出版社，2008.